W0059296

Klaus Kobjoll

Wa(h)re Herzlichkeit

Kobjoll begeistert, weil er tut, was er sagt

Schindlerhof,
Klaus Kobjoll GmbH
Steinacher Str. 6-10
90427 Nürnberg

www.schindlerhof.de
www. kobjoll.de

Umschlagabbildung: Glow & Tingle Unternehmensberatung GmbH, Nürnberg
Umschlaggestaltung: Hans Peter Schmid – Agentur Einsatz, Hamburg
Druck: creo Druck & Medienservice GmbH, Bamberg

ISBN 978-3-00-050415-0

———

Bibliografische Information der Deutschen Bibliothek:
Die Deutsche Bibliothek verzeichnet diese Publikation in der Deutschen Nationalbibliografie; detaillierte bibliografische Daten sind im Internet über http://dnb.d-nb.de abrufbar.

Gedruckt auf RecyStar® Polar aus 100 % Recyclingpapier.

Der Text dieses Buches ist die Transskription eines Live-Mitschnitts des Erfolgsseminars von Klaus Kobjoll, «Wahre Herzlichkeit», vom 23. und 24. September 2006. Sie wurde den Bedingungen dieses Buches entsprechend überarbeitet und angepasst.

Vorwort

Eigentlich habe ich niemals ein Buch geschrieben....
Immer waren es Vorträge oder Seminare über unser ganz besonderes Unternehmen, den Schindlerhof in Nürnberg, die jemand, – einmal sogar ohne mein Wissen, – mitgeschnitten hat.
Daraus wurden dann insgesamt sechs Bücher, von denen weit über 100.000 Exemplare verkauft worden sind. Irgendwann habe ich mir die Rechte vom Verlag zurückgeben lassen, – und plötzlich gab es keine mehr; bei Ebay wurden sogar einzelne Exemplare für € 150,– angeboten und auch verkauft.
Also habe ich das beste der sechs, „Wa(h)re Herzlichkeit" noch einmal im Eigenverlag publiziert. Unplugged und unverändert. Dieses Buch war nicht nur in Deutschland ein Bestseller im Bereich Business-Literatur, sondern wurde auch sehr erfolgreich u.a. in der russischen Föderation verlegt. (180.000 Exemplare in nur einem Jahr lt. Verlag in Moskau)

Wer gegen den Strom schwimmt, kommt schneller zur Quelle!
Wir haben fast immer alles genau anders gemacht, als die meisten Unternehmer:
- Eine starke Arbeitgebermarke aufgebaut, als es dieses Wort noch gar nicht gab.
- Mitarbeiterorientierung kompromisslos zur wichtigsten Hauptaufgabe gemacht; die hohe Kundenbegeisterung erfolgte dann von alleine.
- von Anfang an mit einer Preis-Garantie gestartet: seit 1984 zahlt bei uns jeder Kunde den gleichen Preis. Rabatt war und ist für uns nur ein anderes Wort für Verzweiflung.
- Wir sind völlig unabhängig geblieben, gehören zu keiner Kooperation, hängen nirgendwo am Tropf und kennen kein Klumpen-Risiko.

Voll und ganz: „Family-owned and proudly independent!"

Alle Empfehlungen in diesem Buch sind seit vielen Jahren praxis-erprobt und funktionieren in allen Dienstleistungsbranchen! Viele unserer Fans bestätigen uns dies laufend immer wieder.

Unseren Schindlerhof, den ich zusammen mit meiner Frau Renate aus dem Nichts aufbauen durfte, hat längst unsere Tochter Nicole mit Bravour übernommen und den Schindlerhof zwischenzeitlich noch glamouröser gemacht, mit einer innovativen Mitarbeiter APP, I-pads fürs gesamte Team, der MAX ToolBox, die alles enthält, was für ein nahezu papierloses Büro nötig ist: Dienstplanung, Verbesserungsvorschlagswesen, Weiterbildungsangebote, ein internes „whats app", eine verblüffende Mitarbeiter-Selbstbeurteilung und vieles mehr.

Unser Enkel Maximilian ist seit seinem 3. Lebensjahr bereits Kommanditist in unserer Besitzgesellschaft, ich fungiere lediglich noch als Markenbotschafter und halte - natürlich - im Schindlerhof Vorträge und Seminare zu den Themen ganzheitliche Unternehmensführung (TQM) mit dem Schwerpunkt „Wa(h)re Herzlichkeit!

Klaus Kobjoll
Lugano im September 2015

Inhalt

Stationen und Erfolge Klaus Kobjolls

Schulbildung:
Nach 4-jähriger Grundschule noch 6 Klassen Gymnasium in Bamberg: «… das war nicht ganz mein Ding.»
Fachschulbildung an der Hotelfachschule D. Speiser in Tegernsee / Bad Wiessee und am Lycée Technique Hotelier in Strasbourg / Frankreich.

Karriere:
Danach nahm die Karriere ihren Lauf: obligatorische Praktika während und nach der Hotelfachschule in Frankreich und England; Anstellung als Trainee für ein Jahr.
Mit 22 Jahren «endlich» selbstständiger Unternehmer mit immerhin 5000 DM Startkapital. Es folgen eigene Geschäftsideen und -eröffnungen in Erlangen und Nürnberg. «… ich war latent unglücklich die ganze Zeit. Pächter sind Unternehmer zweiter Klasse. Es ist keine Schande, als Pächter anzufangen, aber geben Sie sich niemals damit zufrieden, bevor Sie nicht alle Produktionsmittel in eine Hand bekommen.»

Seit 1984 Landhotel Schindlerhof (Nürnberg) – 37 Zimmer, rund 200 Plätze in diversen Restaurant- und Banketträumen plus Garten.
1990 *Kreativzentrum Schindlerhof* mit weiteren 34 Zimmern und 3 einmaligen Tagungsräumen mit insgesamt 200 m².
1999 *DenkArt* – Zusätzliche 800 m², davon 400 m² für 4 Tagungsräume und ein Bistro von 120 m². Hier finden auch regelmäßig wechselnde Kunstausstellungen statt.
2000 *Ryokan* – 24 weitere Hotelzimmer direkt am Japanischen Garten.

Erster Tag

Einführung

Guten Morgen, liebe Damen, liebe Herren, ich darf Sie herzlich begrüßen, und ich freue mich, dass ich zwei Tage mit Ihnen arbeiten darf. Ich begrüße auch ganz herzlich unsere Zuschauer an den Laptops und an den DVD-Playern und selbstverständlich auch die Leserinnen und Leser des Buches, das auf der Grundlage dieser Vorträge entstanden ist und die wesentlichsten Teile dieses Seminars wiedergibt.

Ich werde mich hier an dieser Stelle nicht noch einmal selbst präsentieren. Das ist den Niederschriften der Seminartage nämlich vorangestellt (Seite 8). Deshalb kann ich Ihnen gleich ankündigen, was Sie demnächst erleben werden:

Vorab gehen wir in die Niederungen der Organisation: ISO – Kernprozess – Innovation, behandeln dann ganz kurz, fast beiläufig, die Grundlagen des EFQM-Modells, und dann beschäftigen wir uns intensiv mit einzelnen Kriterien dieses EFQM-Modells: Politik und Strategie, Jahreszielplan und unserem Schwerpunktthema Servicequalität – also wahre Herzlichkeit, geschrieben wie der Titel der ehemaligen Softpornosendung «Wahre Liebe» mit «h».

Herzlichkeit muss heute ein Produkt sein. Wenn Sie dieses Produkt nicht liefern, haben Sie ein Problem. Und im Unterschied zu den USA muss es halt echt sein. In Amerika reicht Service-Design aus, in Europa eben nicht, deshalb dieses Wortspiel. Denn die *Ware* muss schließlich auch *wahr* sein.

Wahre Herzlichkeit erreichen Sie natürlich nur mit hoch motivierten Mitarbeitern. Deswegen gibt es eine große Präsentation zum Thema Mitarbeiter, aber auch zum Thema Führung.

Aber eins muss ich doch noch vorausschicken: Ich habe meine biographischen Daten nicht deshalb vorangeschickt, um mich mit irgend etwas zu brüsten. Mir geht es eigentlich nur darum, dass deutlich wird, dass wir uns in ziemlich harter Arbeit und unternehmerisch denkend einen recht erfolgreichen KMU-Betrieb aufgebaut haben. Und wenn ich Ihnen davon erzähle, können wir nämlich sehr gut alle wichtigen Elemente, die zu einem modernen, erfolgreichen, kundenorientierten Unternehmen gehören, zusammentragen.

Insgesamt haben wir jetzt in Nürnberg mit dem Schindlerhof in vier Baustufen 13 Millionen Euro auf dieser Wiese verbuddelt und machen heuer einen Jahresumsatz von 6,4 Millionen mit 50 Profis und 22 Auszubildenden. Für so einen kleinen Landgasthof machen wir relativ gute Zahlen. Dafür gibt es mehrere Gründe.

Der erste Grund ist: Wir sind eines der wenigen Häuser, in dem jeder Kunde den gleichen Preis zahlt. Für uns ist «Rabat(t)» eine Stadt in Marokko und nicht die Einladung dafür, eine hart erarbeitete mittelständische Leistung unter ihrem Wert zu verkaufen.

Wir müssen wirklich einmal überlegen, was sich seit dieser «Geiz ist geil»-Kampagne in Deutschland getan hat. Diese Schnäppchenjägermentalität ist eine Kostengeschichte, die uns moralisch und gesellschaftlich an die Grenzen führt, weil sie den Wert der Arbeit vernichtet.

Aber immer mehr Leute steuern Gott sei Dank gegen die «Geiz ist geil»-Haltung an – zum Beispiel David Bosshardt, der Chef des Gottlieb-Duttweiler-Instituts in Zürich, der den Spruch gut verändert hat; er sagt: «Geist ist geil.»

Und da geht es um etwas anderes: Innovationsführerschaft, Ideenführerschaft und nicht, den bloßen Kampf auf der Preisebene zu führen. Auf diesem Gebiet kann ein Mittelständler gar nicht gewinnen; selbst die «Großen» zerfleischen sich letztlich gegenseitig mit dieser Preispolitik. Der Schindlerhof macht da einfach nicht mit, und dafür braucht es natürlich auch noch ein paar andere Voraussetzungen, um Preise stur im Markt durchzusetzen.

Eine Voraussetzung ist, dass Sie es zu einer starken Marke bringen. Das Thema Markenaufbau und Markenführung ist im Schindlerhof seit vielen Jahren ein Riesenthema, weil im Dschungel der Konzerne Einzelkämpfer nur noch an der Spitze überleben können, wenn (und weil) sie es zu starken Marken gebracht haben. Es ist niemals der Zweck eines Unternehmens, «Gewinne zu machen». Gewinne zu machen ist eine Folge des Unternehmenszwecks.

Der Zweck der *Marke* ist es, ausschließlich Gewinne zu machen, aber nicht fürs Unternehmen selber, denn da geht es um den gebotenen Nutzen; da ist der Gewinn quasi ein Abfallprodukt, das Sie nicht verhindern können, eine Folge des Unternehmenszwecks.

Damit kommen wir zur *ersten* Eigenschaft einer starken Marke, die ich Ihnen am Bespiel aus dem Sport verdeutlichen will: Sie kennen alle Wimbledon; da wird nichts anderes als Tennis gespielt. Selbst Nicht-Tennis-Freaks nehmen sich manchmal frei, um die Endspiele anzugucken. Es stellt sich die Frage: Was ist an dieser Marke so Besonderes?

Die älteren Teilnehmer werden sich vielleicht noch erinnern: Als Andre Agassi zum ersten Mal zum Spielen eingeladen worden war – man muss eingeladen werden, da kann man nicht einfach hingehen –, sagten die Manager zu ihm: «Herr Agassi, wir kennen Sie, deswegen sagen wir es Ihnen gleich vorher: Hier wird in Weiß gespielt, wir sind die Wiege des White-Sport, wir haben es erfunden.»

Und Herr Agassi sagte: «Ich spiele doch nicht in Weiß, ich bin der Schreck aller potenziellen Schwiegermütter, ich spiel mit einer abgefuckten Lewis 501 und einem roten Stirnband» – daraufhin haben sie ihn wieder heimgeschickt.

Ein paar Jahre später wurde er zum zweiten Mal eingeladen, damals war er bereits die Nummer zwei in der Weltrangliste. Wieder gleiches Spielchen: «Sie spielen in Weiß, oder Sie gehen nach

Hause.» – Er hat in Weiß gespielt, und es war eigentlich der Beginn seiner Weltkarriere.

Sie sehen an diesem Beispiel: *Starke Marken haben immer starre Regeln.* In Wimbledon wird auf altmodischem Rasenbelag gespielt, in den Pausen gibt es immer Erdbeeren mit Schlagsahne.

Ich habe auch lange Angst gehabt, ob unsere starre Preispolitik denn nicht gefährlich sei. Inzwischen weiß ich es: Genau das Gegenteil ist der Fall, sie hilft beim Aufbauen der Marke.

Das *zweite*, was Marken auszeichnet: *Wir Kunden schließen immer von der Kundschaft auf die Marke.* Also der Omnibus vor der Tür eines Geschäftshotels ist mit Sicherheit das Zeichen für Apparatemedizin. Der Patient zuckt noch ein wenig und verlängert seinen Leidensweg – weil die Kunden immer von der Kundschaft auf die Marke schließen.

Das heißt für die Markenführung: Man darf nicht für jeden da sein, man muss eine ganz klare Zielgruppenansprache haben.

Unsere Marketing-Budgets sind zunächst völlig unauffällig. Zwei Prozent vom Nettoumsatz geben wir für einen Kommunikationsmix aus (inklusive aller Drucksachen, Mailings, die Kosten für Events, die Kosten für ein CRM-Tool und auch die Kosten für Öffentlichkeitsarbeit).

Wir haben ein Werbebudget von null und noch nie einen Cent oder eine Mark in 37 Jahren Selbstständigkeit für klassische Werbung ausgegeben. Wir haben nicht einmal einen dicken Eintrag im Telefonbuch, das würde den aufkeimenden Mythos bereits zerstören. Wir haben keine Hinweisschilder – uns ganz bewusst zu finden, ist immer der erste Intelligenztest.

Sie wissen sicher warum: Jedes Unternehmen hat die Kunden, die es verdient. Das können Sie steuern. Selbst Werbefachleute bestätigen, dass ein Großteil der Werbung pure Belästigung ist. Kein Unternehmen kann ohne Kommunikation auskommen, aber wenn Sie sie über PR, über Öffentlichkeitsarbeit, betreiben, ist alles viel glaubwürdiger, billiger und eleganter.

Ein weiterer Tipp, wie Sie Ihre Werbebudgets möglicherweise verkleinern können, ist natürlich Ihre Homepage. Wir verwenden die Homepage unmittelbar als Marketinginstrument.

Als wir im Internet «Blut geleckt» hatten, richteten wir einen eigenen Online-Content-Shop ein. Wir haben geistiges Eigentum von uns ins Netz gestellt, und es gibt Paketchen zu verschiedenen Themen und kleinen Summen, die man downloaden kann.

Und jetzt überlegen Sie, was das für Sie bedeuten kann: Jeder von uns besitzt geistiges Eigentum! Die meisten Mittelständler sind sich bloß nicht bewusst, dass man das nicht umsonst hergeben soll.

Was nichts kostet, ist nichts wert.

Kommen wir zu einer weiteren Grundlage: Welche Bestandteile braucht es zur Motivation? Insgesamt gibt es aus meiner Sicht hier sechs Bestandteile der Motivation.

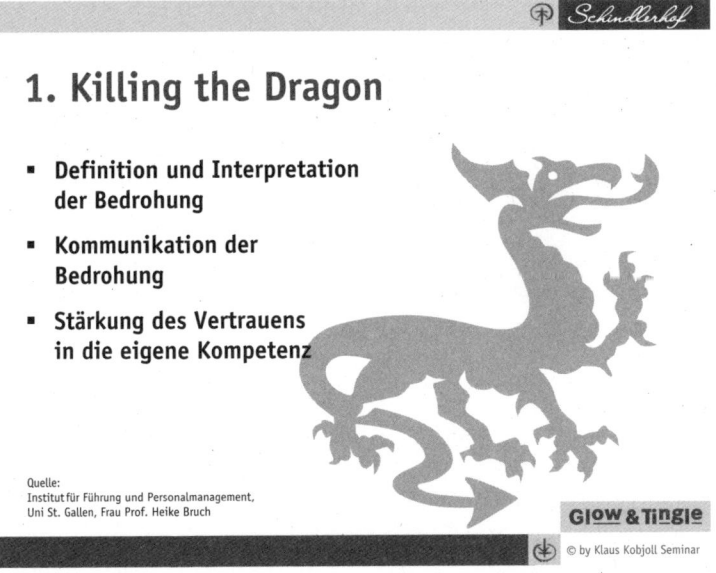

Schindlerhof

1. Killing the Dragon

- **Definition und Interpretation der Bedrohung**
- **Kommunikation der Bedrohung**
- **Stärkung des Vertrauens in die eigene Kompetenz**

Quelle:
Institut für Führung und Personalmanagement,
Uni St. Gallen, Frau Prof. Heike Bruch

GLOW & Tingle

© by Klaus Kobjoll Seminar

Ich lernte kürzlich eine junge Professorin mit Lehrstuhl an der Uni St. Gallen kennen, Frau Dr. Heike Bruch. Sie beobachtet seit vielen Jahren erfolgreiche und weniger erfolgreiche Unternehmen, um herauszufinden, was denn zum Beispiel in Krisen passiert. Und zwar achtet sie auf Folgendes: Steigt da die Motivation in den Firmen, oder geht sie in den Keller? Wir wissen es alle – es gibt immer wieder Zeiten, wo es nach unten geht. Und ich habe die gleiche Erfahrung gemacht wie Frau Professor Bruch: In diesen Zeiten, wo es nach unten geht, passieren ganz besondere Dinge.

Der Chef von ABB-Zürich, Jürgen Dormann, hat das schön zusammengefasst. Er sagte während einer Krise: «Ich beobachte eine unglaubliche Kreativität, großen Kampfgeist; viele setzen sich enorm ein und tragen mit Hochdruck dazu bei, dass wir diese Krise überwinden und endlich wieder Gewinn machen. Wir hätten es ohne diesen Kampfgeist nicht geschafft.»

Dieses Phänomen nennt Frau Professor Bruch «Killing the Dragon». Ich finde es eine wunderbare Wortschöpfung, schon deshalb, weil wir Unternehmer doch immer das Riesenproblem haben, Unangenehmes dem Team zu erzählen. Das macht man nicht gern.

Aber dann muss man es anders machen: «Kids, passt auf, wir haben vor unserer Tür mal wieder einen Drachen stehen – wir brauchen jetzt mal wieder eine St.-Georg-Truppe. Wer hat Lust mitzumachen? Das wird nicht der erste Drache sein, der vor unserer Tür steht; den kriegen wir grad noch weg!»

Es ist eine wunderbare Sache, das so zu kommunizieren. Und wenn Sie einen Drachen vor Ihrer Tür stehen haben, irgendeine Krise, irgendeine Zahl, die aus dem Ruder läuft, muss diese Bedrohung sauber definiert und auch von Ihnen interpretiert werden.

Und – jetzt kommt's: Sie muss *rückhaltlos* kommuniziert werden, ungeschminkt. Viele Chefs haben damit immer ein Problem und sagen: «Ich kann doch meinem Lehrling nicht erzählen, dass jetzt da irgendwo eine Zahl aus dem Ruder läuft – wer weiß, wem er das alles weitererzählt.»

Ich aber sage euch: Man muss ungeschminkt kommunizieren, und das Wichtigste: Man muss immer wieder den Gedanken herüberbringen: Ich glaube an euch, ich stärke euer Vertrauen in die eigene Kompetenz, ich würde es mit keinen anderen schaffen. Mit einem guten Team ist es kein Problem, diesen Drachen zu töten.

Wichtig ist, dass Sie nach Schilderung des Problems und der Analyse immer wieder sagen: «Ich vertraue euch, ich weiß, dass ihr noch genug zusätzliche Ideen einbringen werdet, um eben dieses Problem ganz, ganz schnell wieder in den Griff zu bekommen.» Diese problemorientierte Führung – jetzt wieder Originalton Frau Professor Bruch – bedeutet Kompromisslosigkeit bei Problemen. Ich erinnere mich an ein Zitat von Jack Whelch: «You have got to be hard to be soft.»

Sanfte Werte werden überhaupt nur als sanfte Werte erkannt, wenn sie auch hart sein können; es ist nicht Friede – Freude – Eierkuchen, sondern

- Betonung von Bedrohungen,
- Mut zu ehrlichem Feedback
- und dann Fokussierung auf gemeinsame Problemverhinderung und gemeinsame Problemlösung.

Energieformen

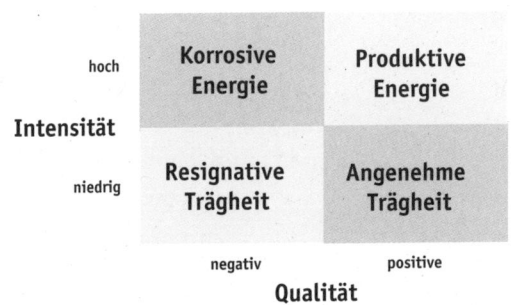

	negativ	positive
hoch	Korrosive Energie	Produktive Energie
Intensität niedrig	Resignative Trägheit	Angenehme Trägheit

Qualität

Quelle:
Institut für Führung und Personalmanagement,
Uni St. Gallen, Frau Prof. Heike Bruch

GLOW & TINGLE

© by Klaus Kobjoll Seminar

Dazu habe ich etwas Interessantes entdeckt. Es gibt verschiedene Energieformen. Stellen Sie sich vor, die Qualität einer Energie wäre negativ und die Intensität niedrig. Das ist dann eine resignative Trägheit.

In meiner Branche wäre das ein Kellner, bei dem sich ein Kunde beschwert, und der Kellner würde sagen: «Ich könnte Ihnen noch ganz andere Sachen über diesen Saftladen erzählen …» Er hat also wenig Bock, und die Energie ist auch nicht besonders intensiv.

Schlimmer wird es, wenn die Energie negativ und auch noch intensiver wird – dann haben Sie eine korrosive Energie.

Das wünsche ich niemandem: Sie haben Wühlmäuse, Guerilleros, die Ihren Laden unterminieren, die ihn kaputtmachen. Es gibt dafür natürlich Indizien. Wenn Sie als Führungskraft an einer Gruppe von Mitarbeitern vorbeilaufen, oder Sie setzen sich mit an den Tisch beim Essen, und plötzlich verstummen die Gespräche, dann sind das Hinweise, dass die Dinge eine Eigendynamik entwickeln. Möglicherweise haben Sie Widerstandskämpfer im Haus.

Außerdem gibt es in erfolgreichen Firmen häufig eine niedrige Energie von positiver Qualität: Das sind etwa Führungskräfte, die sich nach dem Mittagessen Gedanken machen, welchen Dienstwagen sie als nächstes in welcher Farbe bestellen könnten. Es herrscht zweifelsohne eine positive Energie, aber es ist keine Power darin.

Während einer Krise kommen Sie in das Feld produktiver Energie von hoher Intensität und eben gleichzeitig positiver Energie.

Man muss es also als Chance sehen, wenn ab und zu etwas Unvorhergesehenes passiert; es gibt die Chance, wieder hoch motiviert durchzustarten.

Sie können dies verstärkt beobachten, wenn Sie einem Team hohe Ziele mit hohem Schwierigkeitsgrad vor die Nase setzen, dann steigt die Leistung des Teams merklich. Wenn Sie niedrige Ziele vorgeben, gibt es keinen Anreiz, und die Leistung bleibt natürlich gering. Wenn andererseits das Ziel unmöglich erscheint, geht die Leistung auch in den Keller. Es ist also eine Gratwanderung, ein dynamischer Bereich auszutarieren, dass die Ziele so hoch gesteckt werden, dass sie gerade noch erreichbar sind. Wer im Oktober schon das Budget erreicht hat, kann eigentlich gleich schließen, weil sich keiner mehr anstrengt.

Ein Werkzeug, das wir im Schindlerhof verwenden, um unsere Ziele und deren Realisierung den Mitarbeitern zu kommunizieren, ist unser Erfolgsspiegel. Er wird täglich an allen Weißwandtafeln ausgehängt. Er zeigt den geplanten Monatsumsatz im Vergleich zu den hochgerechneten Ergebnissen. Wenn ein Mitarbeiter sieht, dass sein Leistungsbereich nicht die geplanten Umsätze erzielt, er also rot dargestellt ist, dann weiß er, dass er sich mehr anstrengen muss. Ich muss mich nicht weiter darum kümmern, sondern hänge morgens nur diese Soll-Ist-Vergleiche mit einem Smiley versehen auf.

Unsere Mitarbeiter sagen, ich verwende in etwa 15 verschiedene Ausdrücke. Das Schlimmste, was passieren kann, ist, dass dem Smiley Tränen aus den Augen laufen; dann ist die Küche auch mal eine Stunde länger geöffnet. Das Beste ist, er hat Euro-Zeichen in den Augen, dann trinken wir auch mal eine Flasche Champagner auf meine Gesundheit.

Ein weiteres *must* in jedem Betrieb ist Wachstum. Warum? Nur Wachstum macht Ihr Unternehmen attraktiv für die Bank und bei großen Unternehmen für die Shareholder. Kein Mensch kauft Aktien von einem Unternehmen, dass nicht wächst. Wachstum stärkt Ihre Wettbewerbsposition.

Der Schindlerhof ist zum Beispiel in den letzten 20 Jahren um 300 Prozent gewachsen, der für uns relevante Markt aber nicht. Er hat vielleicht ein Wachstum von 150 Prozent erfahren; die anderen 150 Prozent habe ich meinen Kollegen abgejagt. Meine Konkurrenten haben dadurch eine schwächere Wettbewerbsposition und meine eigene wurde automatisch gestärkt.

Wachstum hilft Ihnen außerdem, nicht nur die besten Mitarbeiter zu finden (das ist ja noch leicht), aber sie vor allem auch zu halten. Weil es nur zwei Möglichkeiten gibt, Karriere zu machen:

- Nummer eins: Sie machen sich selbstständig, das ist immer meine Empfehlung, und
- Nummer zwei: Sie arbeiten für ein Unternehmen, das wächst, dann können Sie mitwachsen.

Wenn Ihnen bei der Einstellung schon gesagt wird: «Wir arbeiten in unserem Salon mit acht Stühlen, das ist seit 100 Jahren so, das wird auch die nächsten 20 Jahre so bleiben», dann können Sie sich ausrechnen, dass Sie nicht mehr als einen Inflationsausgleich auf Ihr Gehalt draufsetzen können.

Wachstum gibt einer Organisation ständig neue Impulse. Das ist wie reiner Sauerstoff, Sie kreieren ein Umfeld, in dem Vitalität und Begeisterung herrschen, weil nämlich Ihre Mitarbeiter echte Chancen für die eigene Entwicklung sehen und dadurch auch bereit sind, größere Risiken einzugehen. Sie handeln unternehmerisch, Sie wechseln die *Line of Visibility*. Sie arbeiten härter, sie arbeiten besser, und sie arbeiten natürlich auch länger. Eine 40-Stunden-Woche ist in meinen Augen ein Teilzeitjob für Blutarme. Das sind Leute, die eine Reha-Klinik brauchen, aber sicherlich keinen festen Arbeitsplatz.

Im Schindlerhof arbeiten wir zwischen 45 und 50 Stunden, und so steht es auch in den Verträgen. Unser Betrieb ist 100 Prozent gewerkschaftsfrei, und wir haben auch keinen Betriebsrat. Ein Unternehmen ist ein Orchester, Betriebsräte sind Musiker, die mit gesetzlicher Genehmigung falsch spielen dürfen. Das heißt nicht, dass sie es müssen, aber sie dürfen. Damit sind sie für kleine Unternehmen natürlich disqualifiziert.

In Unternehmen gibt es zwei zentrale Zahlen.

Die erste ist das Umsatzwachstum, welches immer ein Zeichen von Attraktivität ist. Ich ertappe mich auch jedes Mal, wenn die Umsätze zurückgehen, dabei, dass ich die Schuld woanders suche. Und da gibt es ja jede Menge Erklärungen: Das liegt an der rotgrünen Laienspielerschar in Berlin, das liegt am hohen Benzinpreis, am 11. September, am Irak – Ausreden gibt es mehr als genug. Natürlich machen äußere Umstände sicher zu zehn bis fünfzehn Prozent etwas aus, aber wir sind gut beraten, uns an die eigene Nase zu fassen und uns zu fragen, ob es auch an uns selbst liegt – ob die eigene Attraktivität nachgelassen hat. Auf den Schindlerhof bezogen, fragen wir uns dann, ob es am Ambiente liegen kann, am Ladenbau; es kann aber auch die Demut sein, die Kundenorientierung ist nicht immer ganz so toll, wie sie mal gewesen ist ...

Ich hatte vor zwei Jahren so ein Problem in unserem A-la-carte-Restaurant «UnvergESSlich»; unsere Zahlen waren leicht rückläufige. Wir hatten dann vier Tage geschlossen und mit einer tollen Innenarchitektin, die zur Hälfte in New York und zur Hälfte in Stuttgart lebt, 270 000 Euro innerhalb von vier Tagen investiert. Seitdem haben sich unsere Zahlen mehr als nur erholt. In einer Zeit, in der die Umsätze rückläufig sind, ist es natürlich reine Nervensache, auch noch zu investieren. Das alte Restaurant beispielsweise war zudem nicht schlecht. Ich bin der Überzeugung, dass dies die vielleicht wichtigste unternehmerische Eigenschaft ist: *Wir müssen antizyklisch vorgehen. Wenn alle jammern, müssen wir investieren. So billig sind Gelder sonst nie.* Wenn die Konkurrenz das Investieren anfängt, zahlen sie wieder acht Prozent Zinsen, dann sind Sie aber schon wieder auf der Überholspur.

Die zweite Zahl ist der Gewinn, den der Unternehmer immer im Auge behalten muss. Der Gewinn ist ein Zeichen für Effizienz. Die Amerikaner bringen es mit der KISS-Formel – *Keep It Simple And Stupid* – auf den Punkt.

Beim Umsatzwachstum fragen sie: *Are we doing the right things?* – Tun wir die richtigen Dinge? Und beim Gewinn fragen sie: *Are we doing the right things right?* – Tun wir das, was wir als richtig empfinden, richtig?

Es gehört zu den unternehmerischen Hauptaufgaben, sich die Gewinnsituation jeden Monat ganz genau anzuschauen, um zu sehen, ob sich ein kleiner Drache (oder manchmal ist es auch nur eine größere Eidechse) irgendwo versteckt, und um ihr dann den Garaus zu machen.

Neben dem Umsatz spielt die Kontrolle der wichtigsten Kosten – der Wareneinsatz und die Lohnkosten als Prozentsatz des Gesamtumsatzes (im Schindlerhof 17,5 Prozent bzw. 32 Prozent) – eine sehr wichtige Rolle. Die 32 Prozent Lohnkosten beinhalten anteilig die dreizehnten Gehälter, die Weihnachtsgelder.

Wir haben einen großen Kapitaldienst, der in Form von Mieten und Pachten neben unseren anderen Gesellschaften in die KG und auch zum Teil ins Privatvermögen eingeht. Letztlich planen wir dadurch jährlich 10 Prozent Gewinn.

Alle unsere Investitionen, die wir im Laufe des Jahres machen, werden grundsätzlich aus dem Cashflow, aus Eigenmitteln, bezahlt. Wir nehmen keinen Kredit, wenn wir Toiletten umbauen oder unser Restaurant relaunchen; es wird aus unseren Umsätzen bezahlt.

Diesen Spagat zwischen ständiger Attraktivitätssteigerung und gleichzeitiger Effizienz, um trotzdem noch gute Gewinne zu machen, haben viele Firmen in den letzten Jahren nicht geschafft.

Laut Statistik verhält es sich mit Insolvenzen in Europa so: Deutschland hatte innerhalb von vier Jahren rund 150 000 Unternehmenspleiten, währen es in Spanien nur 570 und in Irland 321 waren. In anderen Ländern sieht es also ganz anders aus. Europa sieht momentan aus wie ein Donut. Das Loch in der Mitte ist Deutschland, und drum herum boomt es.

Noch dramatischer wird es, wenn Sie sich die Zahlen von Familienunternehmen anschauen. Wenn 100 Prozent der Gründer erfolgreich sind, dann sind in der zweiten Generation nur noch 30 Prozent dieser Unternehmen erfolgreich und in der dritten gar nur noch 10 Prozent. Das hat unser letzter Kaiser immer schon gesagt: «Die erste Generation baut auf, die zweite verwaltet, die dritte studiert Kunstgeschichte.» Wenn sie's denn nur täten! Manche führen auch Unternehmen, zahnlos und ohne Biss.

Aber die ganz großen Unternehmer sind in der Regel nicht die Gründer, sondern die Erben mit dem Biss eines Gründers. So wie Donald Trump, der Immobilien-Tycoon in New York, oder auch Reinhold Würth, das schwäbische Unternehmerwunder. Das sind Leute, die nicht unbedingt bei null angefangen haben, aber den Biss des Gründers eben auch noch in der zweiten und dritten Generation hatten.

Die größten Verlierer der Pleitewelle in unserem Land sind natürlich die Banken. Sie können einem fast leid tun, weil kein Unternehmen in die Pleite gegangen ist, ohne Schulden zu hinterlassen. Deswegen haben die Banken sich in Basel zusammengesetzt und haben Basel II entwickelt, die neuen Kreditvergabegesetze anhand von Ratings, also der Beurteilung von Unternehmen.

In der Vergangenheit war es so, dass jeder die in etwa gleiche Zinshöhe bei Krediten hatte. Damit wurden die Ausfälle von den guten Unternehmen quasi quersubventioniert – reiner Sozialismus. Mittelständler sollten also froh sein, dass endlich mit dieser Quersubventionierung Schluss ist und heute die Art und Weise, wie Sie Ihren Laden führen, von der Bank benotet, oder wie man heute sagt, geratet wird.

Je nach Notenstufe erhalten Sie dann entweder überhaupt keinen Kredit, mehr oder weniger günstige Zinsen.

Die schlechte Nachricht ist, dass Sie 50 Prozent Ihrer Note nicht beeinflussen können. Wenn Sie von Beruf Sohn oder Tochter sind, haben Sie bereits gute Noten; ich als Gründer mit meinen Verbindlichkeiten natürlich eher mittlere.

Die anderen 50 Prozent aber können wir beurteilen und beeinflussen. Plötzlich interessiert sich der Banker, welche Planungssysteme bei Ihnen zum Einsatz kommen. Haben Sie einen Jahreszielplan, langfristige Unternehmensziele? Gibt es einen mittelfristigen, einen Periodenzielplan? Wie lange halten Sie die Kontenbeziehung mit Ihrer Bank aufrecht? Es gab Mittelständler, die in Boomzeiten wegen 0,25 Prozent günstigerem Zins alle fünf Minuten einfach die

Banken gewechselt haben. Solch ein Verhalten rächt sich jetzt. Je länger Sie mit einem Institut zusammenarbeiten, umso besser werden Sie geratet.

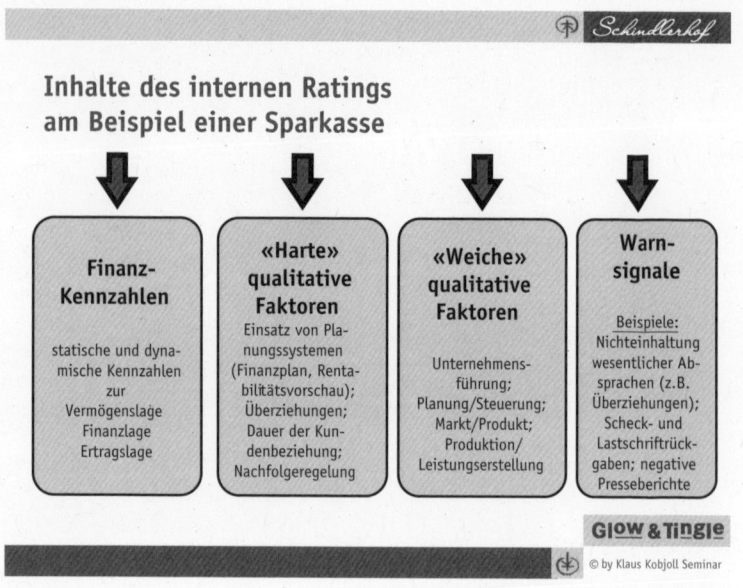

Kommen wir zur Nachfolgeregelung: Ich bin mit meiner Tochter jetzt seit vier Jahren im Prozedere der Nachfolgeregelung. Es ist ein Riesenprojekt. Die ganze Holding muss umgestellt werden. Wir haben Immobilien, die wir im Betriebsvermögen von einem vereidigten Architekten bewerten ließen und steuerneutral ins Betriebsvermögen eingebracht haben, weil das günstiger zu vererben ist. Darüber hinaus habe ich ein Drittel der Immobilien bereits an unsere Tochter verschenkt. Allein dadurch haben wir eine ganze Menge Erbschaftssteuer gespart. Das ist wirklich keine Sache, die man in einem halben Jahr über die Bühne bringt.

Es interessiert natürlich auch den Banker, wie dann das Unternehmen geführt wird. Reinhard Sprenger sagt: «Vier von fünf Führungskräften sind nicht in der Lage, den Job zu machen, für den sie bezahlt werden, nämlich Rahmenbedingungen für Spitzenleistungen zu schaffen.» Ich hoffe ja, dass er unrecht hat. Aber es hat den Banker früher nicht interessiert, wie Sie Ihren Laden führen, jetzt schon.

Weiter: Ein Banker will wissen, ob Sie ein strategisches und ein operatives Controlling haben. Es ist wie beim Arzt. Wenn Sie krank sind, dann gehen Sie hin, und er stellt zuerst eine Diagnose. Sie haben die Grippe (das ist das strategische Controlling), sagt er: «Sie müssen Aspirin + C einnehmen, eine Woche lang, und dann beobachtet er Sie. Das ist die Therapie, das operative Controlling. Dann gibt es zum Schluss Ihrer Rating-Note noch ein paar Feintuning-Warnsignale, Nichteinhaltung wesentlicher Absprachen, Rücklastschriften, Schüttelschecks – selbst negative Presseberichte beeinflussen in Zukunft die Höhe Ihrer Zinsen.

Dies wurde zum 1. Januar 2007 Gesetz, und trotzdem schliefen noch viele Mittelständler, weil sie sich sagten, dass das ja noch Zeit habe. Dabei werden diese Regeln bereits seit drei oder vier Jahren von allen Banken hinter den Kulissen angewendet.

Wir haben natürlich nicht so lange gewartet. Ich habe mit meiner Frau im Jahr 2002 ein Seminar des SchmidtCollegs besucht, und wir haben dort unter Anleitung eines Großbankers in zwei Tagen ein internes Rating durchgeführt.

Es beinhaltet eine Brancheneinschätzung – von 8 möglichen Notenstufen haben wir als Hotel eine 6, also eine ganz schlechte Note. Eine Großbank finanziert keine Gastronomie, kein Hotel mehr, keinen Einzelhandel, keinen Supermarkt, kein Autohaus; das ist der so genannte Branchenmalus.

Weitere Kriterien sind Konkurrenzentwicklung, Preisdruckentwicklung, ob die Unternehmensnachfolge geregelt ist, die Entwicklung der Ertragslage, Kontoführung und die Limit-Ausnutzung. Dann haben wir an einem Punkt eine ganz schlechte Note erhalten: Haftungsbeschränkung; meine Frau und ich haften nämlich nicht privat für unsere Geschäftskredite – hier nehme ich die schlechte Bewertung gern in Kauf. Ich könnte zwar günstigere Zinsen kriegen, wenn ich den Kopf in der Schlinge hätte, aber wir verzichten darauf.

Letztlich wurden wir mit A minus bewertet. Es gibt da die klassische Methode von Tripple A bis D.

A minus heißt leicht erhöhtes Risiko, etwas anfällig für Wirtschaftskrisen. Die Sparkassen hingegen haben ein anderes System von 1 bis 18, auf dieser Skala habe ich bei meiner Hausbank eine Ratingnote von 5 und damit eine Margenvereinbarung von 1 Prozent.

Ich muss mit der Bank also nicht mehr verhandeln. Wir haben eine Vereinbarung: Wenn ich heute Geld einkaufe, kann ich einfach im «Handelsblatt» nachlesen: Persönliche Schuldverschreibung für 4,0 plus 1 Prozent – das ist mein Zinskreditsatz, also mit 1 Prozent Marge. Wir haben mit diesem Zweitagesseminar im ersten Jahr 70 000 Euro Zinsen eingespart, weil wir sofort im Anschluss das Rating unserer Hausbank vorgelegt und die Diskrepanzen ausdiskutiert haben und uns dann einig wurden.

Wer dies noch nicht durchgeführt hat, sollte es dringend tun, es ist wirklich fünf vor zwölf für dieses Rating.

Denjenigen, die die Selbstständigkeit noch vor sich haben, sei gesagt, dass sogar die Existenzgründungsdarlehenszinsen an ihrem persönlichen Rating gemessen werden. Das heißt, die Art, wie Sie Ihr Privatkonto in der Vergangenheit geführt haben, bildet für den Banker die Grundlage, ob Sie bei der Risikoklasse A derzeit 3 Prozent Zinsen zahlen oder bei schlampiger Kontoführung eben das Doppelte, nämlich 6 Prozent.

Und noch einen Tipp: Die Großbanken haben sich längst aus dem Mittelstand verabschiedet. Was früher ein Bonitätsausweis auf dem Briefpapier war (ich hatte die Deutsche Bank auch mal drauf), ist heute zumindest ein Damoklesschwert. Für den Mittelstand gibt es eigentlich nur noch zwei Banken, abgesehen von ein paar kleineren Privatbanken wie die Castellbank hier in Franken, das sind die

Sparkasse und die Volksbank-Raiffeisenbank. Wir haben mit denen sogar eine kleine Win-win-Geschichte. Auf jeder Rechnung, die den Schindlerhof verlässt, steht fett eingedruckt: «Wir arbeiten nur noch mit Deutschlands mittelstandsfreundlichsten Banken zusammen – Sparkasse und VR-Bank.»

Und dann rate ich Ihnen: Stützen Sie sich mindestens auf zwei verschiedene Banken ab. Bei einer Kreditannahme sind drei Dinge von ausschlaggebender Bedeutung:

1. die Liquidität, wofür auch nur eine Bank ausreichend ist,
2. die Sicherheit, auch das geht mit einer Bank, und
3. die Freiheit, aber das geht mit nur einer Bank nicht.

Wagen wir einen Blick aus der Vogelperspektive auf die Welt der Unternehmen, weg vom Tagesgeschäft, hin zur strategischen Personalentwicklung. Für den Schindlerhof ist Alexander Christiani seit Jahren unser Strategieberater. Einmal im Jahr buchen wir ihn für einen Tag, damit er uns bei unserer Strategieentwicklung weiterhilft. Von ihm stammt eine Landkarte zum Erfolg, welche wir nutzen. Sie umfasst sieben Schlüsselfaktoren.

Die ersten drei sind immer im Individuum, im einzelnen Menschen begründet. Dabei ist es egal, ob es sich dabei um einen Lehrling, einen Praktikanten oder Profi, eine Führungskraft oder den Chef selbst handelt.

Unser aller Tagesgeschäft besteht eigentlich darin, bei jeder Einstellung eines Mitarbeiters, bei jedem Gehaltsgespräch und bei jeder Beförderung drei gedankliche Häkchen machen zu können.

- *Das erste Häkchen:* Hat die betreffende Person überhaupt Talent? Ich finde es erschreckend, wie viele Menschen sich in Berufen tummeln, ohne Talent für ihre Arbeit zu haben. Da gibt es Autoverkäufer, die kommen mit der Straßenbahn zur Arbeit. Wenn der nicht wenigstens 5 Prozent Benzin im Blut hat, können Sie den doch vergessen. Oder in einem Callcenter arbeitet jemand

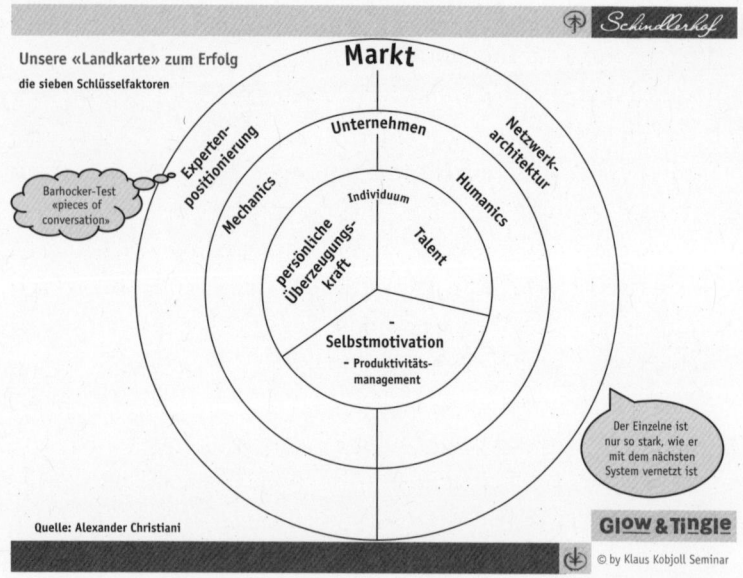

Unsere «Landkarte» zum Erfolg
die sieben Schlüsselfaktoren

Quelle: Alexander Christiani

© by Klaus Kobjoll Seminar

mit einer Telefonstimme wie ein Reibeisen, dass Sie auf der anderen Seite eine Gänsehaut kriegen.

- *Das zweite Häkchen:* Wie sieht es bei der Selbstmotivation des Einzelnen aus? Ich möchte diesen Faktor auch als roten Faden zum zweiten Motivationsbestandteil nutzen. Der erste war der Drache (siehe Seite 15). Es gibt Leute die sagen, man könne Menschen von außen überhaupt nicht motivieren, bestimmend sei der innere Antrieb, der *drive* eines Menschen.

Stellen Sie sich einen Jäger vor, der aus Versehen einen Jagdhund bekommt, den er zum Jagen tragen muss; der endet auf dem Sofa – bestenfalls. Genau so ist es mit Mitarbeitern. Jeder von uns kennt solche Kandidaten; sie machen ihren Job, aber sie brauchen immer wieder Druck, und Sie müssen immer noch einmal nachfragen: «Wir hatten doch vereinbart, es wird bis gestern fertig …»

Innerer Antrieb ist also ein ganz gewaltiger Bestandteil der Motivation. Diese Selbstmotivation des Einzelnen ist gleichzeitig der Schlüssel zur Produktivität.

Im Schindlerhof haben wir im letzten Jahr eine Produktivität pro Mitarbeiter von 107 000 Euro erreicht. Das ist fast das Doppelte des Branchendurchschnitts. Wenn meine Kollegen also mit einem Jahr fertig sind, sind wir dann grad mal Ende August warmgelaufen, dann geht es eigentlich erst los. Der Schlüssel dazu ist eine hohe Selbstmotivation, die mündet dann eben auch automatisch in hohen Gewinnen. Unsere Mitarbeiter arbeiten so, als wäre es ihr eigener Laden.

- *Das dritte Häkchen* beim Einzelnen ist seine persönliche Überzeugungskraft, und hier gibt es Gott sei Dank so viele Möglichkeiten, wie es verschiedene Menschen gibt. Der eine überzeugt andere durch Fachwissen, ein Zweiter kommt mit stiller Sympathie, weil es eben zu ihm passt; ein Dritter hat die Fähigkeit, andere Menschen mitzureißen.
Ich muss wissen: *What makes me tick?* Was hat mir Mutter Natur an Neigungen an Begabungen, an Talenten in den Rucksack gelegt. Ich darf keine Rolle spielen, in die ich nicht so richtig hineinpasse. Wie ein schlechter Schauspieler, über den nach dem Theaterstück gesagt wird: «Also der war unmöglich in seiner Rolle.» Erfolgreiche Menschen sind ganz sie selbst, sie spielen eben keine Rolle, sie haben eine Übereinstimmung zwischen Persönlichkeitsstruktur und Verhalten, sie hinterlassen einen klaren, nachhaltigen Eindruck, sie prägen sich ein.

Es gibt eine Wissenschaftlerin, Frau Professor Pircher-Friedrich, welche einen Lehrstuhl am Managementzentrum in Innsbruck hat und auch an der Hotelfachschule in Meran lehrt. Sie sagt: «Erfolg im Leben ist lediglich von 15 Prozent Fachwissen abhängig, aber von 85 Prozent Persönlichkeit.» Dies trifft genau die beschriebenen drei Schlüsselfaktoren.

Die nächsten zwei Faktoren sind in Ihrem Unternehmen begründet. In diesem Zusammenhang hat Walt Disney vor 60 oder 70 Jahren zwei Begriffe geprägt. Auf der einen Seite die *Mechanics* und auf der anderen die *Humanics*.

Die mechanische Seite des Unternehmens sind das kleine Einmaleins der Organisation, ISO, Qualitätsmanagement, ihre Verfahrensbeschreibungen, ihre Kernprozesse, Check-Listen, alles Dinge, die eben das Unternehmen stabil machen, und auf der anderen Seite der *human touch,* das Betriebsklima.

Je weiter Sie die mechanische Seite perfektionieren, desto mehr geht in der Regel das Betriebsklima in den Keller, weil aus einer guten Organisation sehr, sehr schnell eine Bürokratie entstehen kann. Dann haben Mitarbeiter keine angenehmes Miteinander. Umgekehrt existiert in Gründungsunternehmen in der Regel überhaupt noch keine Organisation; es wird improvisiert, aber sie haben ein Super-Betriebsklima. Man bewegt sich auch hier wieder in einem dynamischen Feld; man braucht naturgemäß genügend Organisation, aber eben nicht zu viel.

Bei vielen Dingen reicht der gesunde Menschenverstand aus, und man braucht nicht noch eine Verfahrensbeschreibung, die Sie dann irgendwo in der ISO drinstehen haben.

Die letzten beiden Schlüsselfaktoren sind in dem relevanten Markt enthalten, den Sie gerade bearbeiten.

Hier wird es wieder spannend. Was ist Ihr Expertenstatus, oder wofür gelten Sie als Experte? Jetzt könnten Sie zu Hause Ihre Lehrlinge mit irgendwelchen marketingchinesischen Fachausdrücken langweilen und denen etwas von strategischen Erfolgsproduktionen und *unique selling propositions* erklären, meine Azubis würden da möglicherweise aussteigen.

Es gibt auch hier wieder einen pragmatischen Ansatz aus den USA, um den Expertenstatus auf den Punkt zu bringen. Das ist der Barhockertest. Stellen Sie sich vor, Sie sitzen am nächsten Samstag wieder auf Ihrem Lieblingsbarhocker, umgeben von Ihren Freunden, und es drängt Sie, jetzt über Erlebtes zu berichten, was immer Sie für ein emotionales Erlebnis hatten, in einem Restaurant, in einer Apotheke, in einem Autohaus, beim Arzt oder in einem Wellness-Hotel, völlig egal wo. Wenn Sie darüber berichten wollen, ist das der wahre Expertenstatus, der für uns als Anbieter bedeutsam ist.

Wir liefern unseren Kunden in kleinen Stückchen Konversationsmaterial, das sie in die Gespräche im Bekanntenkreis einfließen lassen können. Ich möchte diesen Punkt wirklich vertiefen, weil er vielleicht der wichtigste ist.

Der klassische Produktlebenszyklus, den Sie alle kennen, wird sich nie verändern: *What goes up, must come down, we can not stop the wave, but we can learn to surf.* Wir können die Welle nicht aufhalten, aber wir können lernen, auf der nächsten Welle wieder hochzureiten, immer wieder durch Innovationen nach oben zu kommen.

Produkt-Lebenszyklus

Sättigung
Reife
Rückgang
Wachstum *
Wiederbelebung
Einführung

* = I-Punkt (Innovationspunkt)

© by Klaus Kobjoll Seminar

Der Wiederbelebungspunkt, der Relaunch-Punkt, war in der Vergangenheit später. Das bedeutete, dass ein Unternehmer ein paar Jahre auch mal Geld aus seinem Unternehmen herausziehen konnte. Die nächste Innovation war noch weit weg.

Heute aber sitzt der, wir nennen ihn I-Punkt, der Innovationspunkt, mitten in der Wachstumsphase. Der Unternehmer ist heute gezwungen, sich mit dem ersten verdienten Geld aus einer Innovation schon Gedanken über die nächste Innovation zu machen und wie er sie vorfinanzieren kann.

Ich gebe Ihnen ein paar Beispiele. Wir haben 37 Hotelzimmer, die 21 Jahre alt sind. Sie wurden zweimal komplett umgebaut. Bei den Bädern wurden Wände herausgerissen, damit sie größer werden, weil man vor 20 Jahren noch kleinere Duschen gebaut hat als heute.

Eigentlich sind die Bäder noch okay, aber einen Barhockertest gewinnen sie nicht. Also fingen wir an, Holzbadewannen in diese Bäder einzubauen. Spüren Sie, was ich meine mit *pieces of conversation?*

Da kann jemand auf dem Barhocker erzählen, dass er in einem stinknormalen Landgasthof war, aber diese Badewanne – ein haptisches Vergnügen… Solche Dinge brauchen wir ständig. Deswegen haben wir unsere Toiletten für 150 000 Euro neu gestaltet, und es hat uns jeder zweite Gast auf «die geilen Toiletten» angesprochen.

Ich kann nicht mehr bei jeder Investition sofort den *Return on Investment* darstellen, sondern ich muss eben auch einmal den Mut haben, in Attraktivitätssteigerungen zu investieren, die das Geschäft insgesamt aufwerten.

Ich gehe noch weiter: Wenn Sie im Oktober oder November mit Ihren Führungskräften Ihren Jahreszielplan für das kommende Jahr erstellen, empfehle ich Ihnen, diese Fragen mit den Mitarbeitern zusammen zu beantworten. Wir verfahren jedes Jahr so, das ist sehr ernüchternd. Warum soll jemand bei uns kaufen? Je nach Branche wohnen, essen, feiern, tagen, einkaufen, sich behandeln lassen? Was können Sie konkret, was andere Mitbewerber nicht können? Und hier gibt es keine Glaubwürdigkeit für Aussagen, zu denen niemand das Gegenteil behauptet, die nicht polarisieren.

Zur Verdeutlichung: Wenn ein Politiker sagt, er sei ehrlich, hat das keine Glaubwürdigkeit, weil die anderen das Gleiche behaupten. Wenn ein Politiker aber sagt, er ist für 25 Prozent Mehrwertsteuer oder dafür, dass junge Leute ihre alten Eltern finanziell unterstützen, geht ein Aufschrei durch das Land, weil alle anderen anderer Meinung sind. Erst jetzt ist die Aussage glaubwürdig.

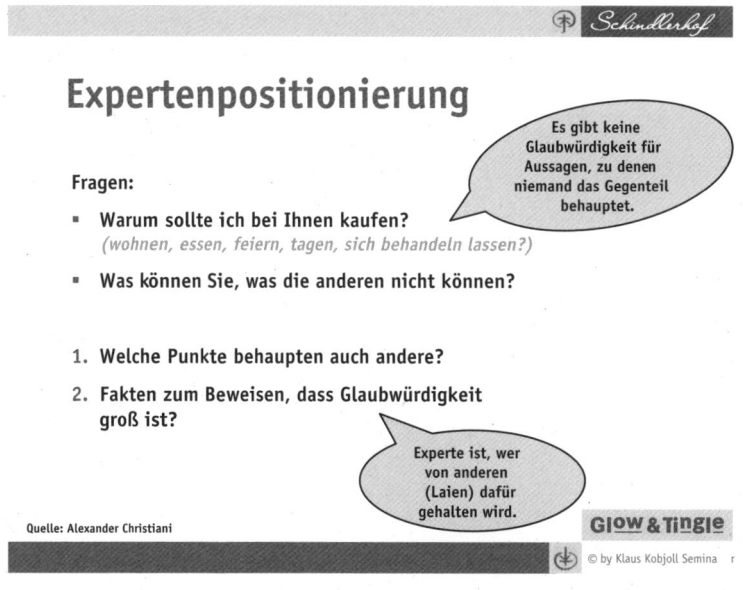

Übertragen auf das Unternehmen heißt das: Das Dümmste, was wir machen können, ist zu versuchen, *everybody's darling* zu sein. Das sind die Unternehmen, bei denen meistens im Leitbild steht: «Wir wollen bei einem guten Preisleistungsverhältnis möglichst vielen Menschen ein wenig etwas bieten.» Das ist wie DDR-Marketing, ein bisschen Auto für möglichst viele. Das reicht heute nicht mehr. Gutes Marketing muss polarisieren. Es muss Leute geben, die sagen: «Ich bin süchtig auf die Leistungen», und es muss andere geben, die wiederum sagen: «Ich war drei Mal dort, das erste Mal, das einzige Mal und das letzte Mal, das ist nicht meine Welt.» Dann ist es glaubwürdig. Die zweite Frage ist: Welche Punkte behaupten andere auch? Wie positionieren Sie sich auf dem Markt? Durch guten

Service, erweiterte Garantie und Freundlichkeit... Was ist das Besondere?

Die gute Nachricht kommt jetzt aber zum Schluss: Experte ist Gott sei Dank der, der von Laien dafür gehalten wird, und nicht von Profis. Ich bin beispielsweise Laie in Sachen Computer. Ich habe immer gedacht: Das muss alles der Bill Gates erfunden haben. Ich habe mich inzwischen belehren lassen. Das Design des Betriebssystems soll es schon vorher bei Apple gegeben haben. Bill Gates hat sogar nur noch eine Minderheitsbeteiligung an seinem eigenen Laden. Aber es ist völlig wurscht; Bill Gates hat es geschafft in den Augen eines Laien, diesen *claim*, dieses Goldgräberfeld, für sich abzustecken; er gilt als Experte – Punkt. Was irgendwelche selbst ernannten Profis noch mehr wissen, ist uninteressant.

Bei uns hat vor zwei Jahren der Marketingdirektor eines großen Hotels übernachtet und nach der Abreise eines der Smiley-Kärtchen, die bei uns in den Hotelzimmern aufliegen, ausgefüllt. Auf die Rückseite schrieb er: «Sie kochen auch nur mit Wasser.» Wir haben lange überlegt, was wir antworten sollen, und haben dann zurückgeschrieben: «Stimmt, aber Sie hätten gucken sollen, was wir daraus gemacht haben.»

Es tangiert uns peripher, es ist uns völlig egal, was irgendein selbst ernannter Profi von unserer Leistung hält. Der Laie, so die gute Nachricht, kommt nämlich, im Gegensatz zum Profi, offen und positiv gestimmt in unsere Betriebe. Heute heißt es ja *benchmarking*: «Herr Kollege wir haben gehört, Sie machen das und jenes besonders gut, darf ich mal mit meiner Mannschaft zu Ihnen kommen...» Und was haben wir dann im Kopf? – Jetzt werden wir mal gucken, welches Haar wir in der Suppe finden. Mit dieser Einstellung finden Sie Haare, so viel Sie wollen. Aber der normale Gast, der Kunde, nimmt das Gott sei Dank anders wahr.

Der siebte Schlüsselfaktor ist Ihre Netzwerk-Architektur. Hierbei geht es um Win-win-Situationen, bei denen beide Partner voneinander profitieren. Product Placement, Sponsoring – es gibt eine

Menge solcher Netzwerkmöglichkeiten. Der Einzelne ist nur noch so stark, wie er mit dem nächsten System verbunden ist.

Ein paar Beispiele: Wir haben sieben BMW im Haus, zum Beispiel, und einen Landrover. Auf dessen Rückseite machen wir Werbung für ein Autohaus, weil wir mit diesem ein Flottenabkommen haben und unsere geringe Marktmacht bündeln wollen. Außerdem haben wir seit Jahren immer den neuesten A 8 in Vollausstattung von Audi vor unserer Tür stehen, völlig gratis für unsere Gäste. Das Einzige, was wir tun, wenn sie das Auto ausleihen, ist, das wir fragen, ob wir ihre Anschrift an die Marketingleute von Audi weitergeben dürfen. Die leiten dann die Adressen nach dem entsprechenden Postleitzahlenbezirk an die Händlernetze weiter. Im ersten Jahr wurden nachweislich zwei Autos an unsere Kunden verkauft. Wir hätten danach auch einen zweiten Wagen haben können, aber wir haben zu wenige Parkplätze.

Es gibt natürlich auch viel subtilere Möglichkeiten. Der letzte Bauscher-Hotelporzellan-Prospekt wurde beispielsweise im Schindlerhof fotografiert; auch so etwas ist Bestandteil eines kleinen Netzwerks. Wir haben sogar eine Netzwerkbroschüre, in der wir die Firmen, mit denen wir solche Netzwerke eingegangen sind (wir nennen sie Qualitätspartner), aufgeführt haben, und wir versuchen immer wieder, uns gegenseitig Bäumchen in den Garten zu pflanzen. So etwas kann nur funktionieren, wenn beide Seiten in irgendeiner Art davon profitieren.

Der Vorteil der Netzwerke ist wohl klar: Wir Mittelständler brauchen unsere Eigenständigkeit nicht aufgeben – die Großen fusionieren ja alle Nase lang –, und wir können trotzdem in den Genuss der Größe kommen, indem wir über solche Netzwerke lose zusammenarbeiten.

Wenn man diese sieben Schlüsselfaktoren stets im Griff hat, kann dem Unternehmen eigentlich nicht viel passieren. Ich muss nur ständig darauf achten woran ich arbeiten muss: Ist das Betriebs-

Der Markt vor 20 Jahren ...

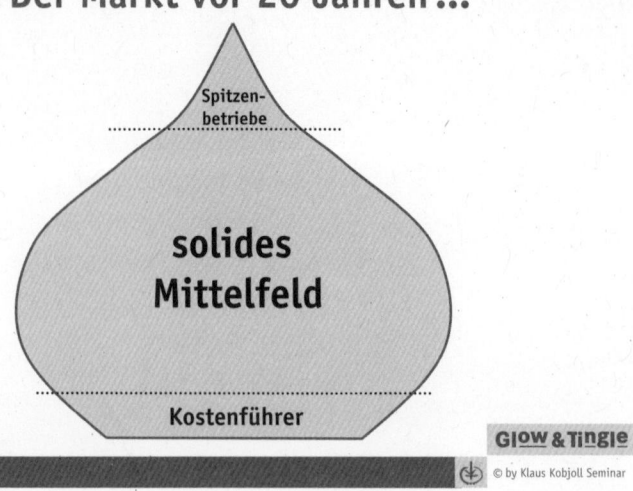

Spitzen-
betriebe

**solides
Mittelfeld**

Kostenführer

GLOW & TINGLE

klima im Keller? Habe ich die richtigen Mitarbeiter im Unternehmen? Gelte ich als Experte; wofür gelte ich bei wem als Experte ...?

Wenn Sie sich die 150 000 Unternehmenspleiten in Deutschland genauer ansehen, passt die Aussage des amerikanischen Wirtschaftsexperten Karl Pilsl dazu, der sagt: «Wir haben einfach zu viele ähnliche Firmen, die ähnliche Mitarbeiter beschäftigen, mit einer ähnlichen Ausbildung, die ähnliche Arbeiten durchführen. Jetzt haben sie noch ähnliche Ideen, produzieren ähnliche Dinge zu ähnlichen Preisen in ähnlicher Qualität.»

Wer hier dazugehört, wird es zukünftig verdammt schwer haben, weil austauschbare Leistungen automatisch zu einer Rendite von null oder minus führen. Wenn man es also genauer betrachtet, haben die Märkte vor zwanzig Jahren in etwa wie eine Zwiebel ausgesehen. Ganz weit oben gab es immer ein paar Spitzenbetriebe, und es gab immer den Bodensatz der Kostenführer, je nach Branche: Accor Hotels, Wempe, C&A, Hennes und Mauritz, IKEA, etc. Aber

Der Markt heute ...

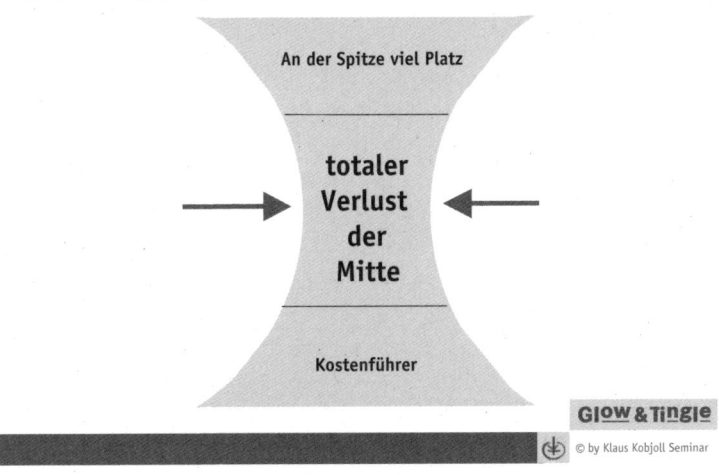

An der Spitze viel Platz

**totaler
Verlust
der
Mitte**

Kostenführer

es gab auch ein solides Mittelfeld, den normalen Familienbetrieb, der Geld verdient hat.

Heute hingegen sieht der Markt eher aus wie so eine Sanduhr. Man spricht inzwischen vom totalen Verlust der Mitte. Sie haben nur noch zwei Möglichkeiten: Sie werden Kostenführer, oder Sie erarbeiten sich eine Nische irgendwo an der Spitze und gelten als Experte, als Spezialist für etwas ganz Besonderes.

Betrachtet man das Ganze seriöser, wie es Michael Porter in Amerika vor langer Zeit getan hat, dann sehen Sie, dass die Rendite eines Unternehmens und der Marktanteil in einem seltsamen Verhältnis zueinander stehen: Auf den ersten Blick ist man geneigt anzunehmen, die Rendite müsse höher sein, je mehr Marktanteil ein Unternehmen hat. Aber dumm gelaufen – die Renditekurve kann ganz anders verlaufen: Kleiner Marktanteil kann auch hohe Rendite bedeuten. Ich bin in einer Nische, ich gelte als Spezialist. Und hoher Marktanteil kann auch hohe Rendite bedeuten, weil ein großes Unternehmen als Kostenführer zwei gigantische Vorteile hat:

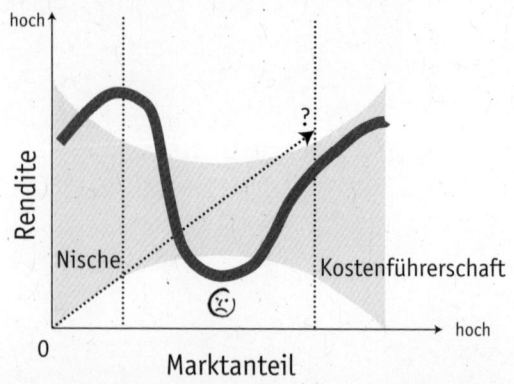

Michael Porter Ansatz:

1. Marktmacht: Es wird bei den großen Unternehmen der rote Teppich ausgelegt, wenn sie zum Einkaufen fahren, und sie bringen den Einkaufspreis gleich selbst mit.
2. Synergieeffekte: Ob ein Großer 10 oder 100 Outlets hat, ist für die Verwaltung nicht wirklich wesentlich. Für sie bedeutet es nur, dass der Server etwas größer ist und dass man vielleicht noch eine 400-Euro-Kraft mehr hat. Das war es dann auch fast schon. Damit kann man dann also wieder hohe Gewinne machen.

Leider befinden sich viele zwischen Stuhl und Bank; sie sind «nicht Fisch und nicht Vogel». Ich höre immer wieder von Kollegen, die einen größeren Marktanteil als ich haben und sagen: «Der Kobjoll, der Saukerl verdient trotzdem einfach mehr Geld.» Das ist deshalb so, weil wir hoch spezialisiert sind. Wir sind nur auf Tagungen spezialisiert, nur das können wir.

Wir machen keine «eierlegende Wollmilchsau» aus unserem

Unternehmen, wo von jedem ein bisschen stattfindet: Generation 50+, Senioren, ein bisschen Familie mit Kindern, ein wenig das, ein wenig dies… Bei uns nicht. Wenn Sie in einer *New Economy* tätig sind, haben Sie noch die Chance, die Kostenführerschaft zu erlangen, aber bei den *Old Economies* sehe ich persönlich keine Chance, dass so ein kleiner Familienbetrieb die Kostenführerschaft erlangt. Unsere Chance ist, eine Nische zu finden, die wir dann nach allen Seiten verteidigen, die wir ausbauen, die uns eben dann *die* Wettbewerbsvorteile bringt.

Wenn wir auf das Bild der Sanduhr zurückkommen, liege ich da gar nicht so falsch. Es läuft im Grunde genommen auf das Gleiche hinaus. In der Mitte gehen die Leute pleite, und in der Nische oder eben bei den ganz Großen wird Geld verdient. Wenn also jemand noch ein wenig in der Mitte wäre – Konjunktiv! –, dann muss er sich anstrengen, dass er da herauskommt!

Das Tolle in dieser Situation ist, dass Kreativität nur entstehen kann, wenn man sich eben anstrengt. «Es ist höchstens 10 Prozent Inspiration nötig, aber 90 Prozent Transpiration», hat Thomas A. Edison, der Erfinder der Glühbirne, gesagt. Und damit wir nicht schwitzen müssen, hier einige Differenzierungsstrategien:

Die ersten zwei, davon bin ich überzeugt, sind nicht kopierbar, völlig egal, wer Sie frontal angreift. Denn zwei Dinge auf dieser Welt kann man nicht kopieren: Das sind erstens die Beziehungen eines Unternehmens zu seinen Mitarbeitern, übrigens die Grundvoraussetzung für zweitens: die Beziehungen der Mitarbeiter zu Ihren Kunden. Heute ist jedes Geschäft ein reines Beziehungsgeschäft!

Ich erinnere mich an ein merkwürdiges Erlebnis: Als wir vor ein paar Jahren gebaut hatten, musste ich an einem Tag drei Termine mit Verkäufern von Mikrofonanlagen wahrnehmen. Das erste Gespräch hat zehn Minuten gedauert. Der Verkäufer hatte tote Augen wie ein Stallhase; der hat irgendwie Leidenschaft mit Asthma verwechselt. Da habe ich gesagt: «Sie hören von mir.»

Das zweite Gespräch dauerte auch nicht viel länger. Der Verkäufer hat nur über den Preis geredet, wie billig und günstig das alles sei. Da habe ich «Vielen Dank» gesagt, «Sie hören von mir.»

Der Dritte aber hat mir das Gefühl vermittelt, es würde ihm körperlich wehtun, wenn ich etwas anderes kaufe als Sennheiser. Er hat lichterloh gebrannt. Den muss irgendjemand zu Hause angezündet haben; man hat ihm den Stolz im Gesicht angesehen. Wie kann ein Mitarbeiter im Kundengespräch «Spirit» in den Augen haben, wenn er nicht zu Hause von jemandem angezündet worden ist? Das kann im Großbetrieb ein CEO tun, oder es ist halt eine Führungskraft oder ein Mitglied der Familie, das diese Aufgabe übernimmt.

Wir müssen also in dieser Reihenfolge vorgehen: Wir müssen zuerst selbst gute Beziehungen zu den Leuten aufgebaut haben, dann können wir sie loslassen, und sie werden in der Lage sein, Kundenbeziehungen zu vertiefen und aufzubauen. In kleinen Betrieben haben wir oft das Problem, dass Kunden nur dann kommen, wenn der Chef da ist. Man muss sehr aufpassen; man ist dann nämlich noch kein Unternehmer, sondern man betreibt *Body-Selling*.

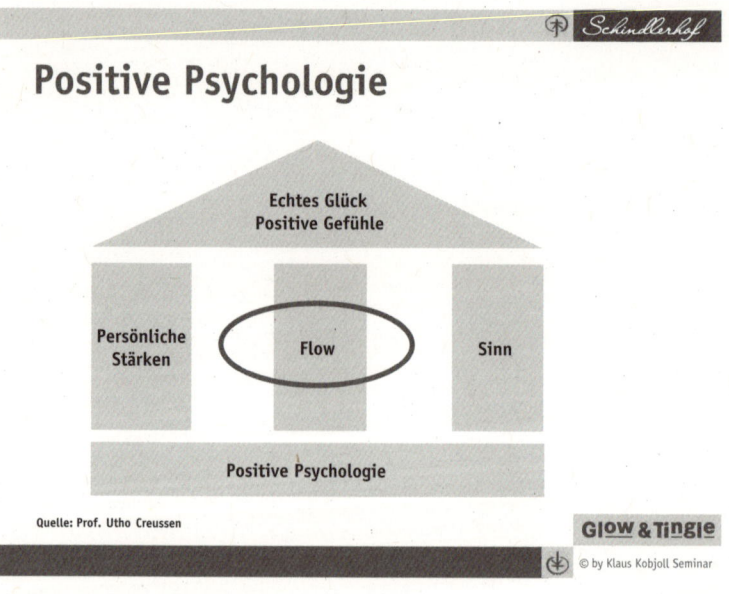

Positive Psychologie

Echtes Glück
Positive Gefühle

Persönliche Stärken — Flow — Sinn

Positive Psychologie

Quelle: Prof. Utho Creussen

GLOW & TiNGLE

© by Klaus Kobjoll Seminar

Man verkauft eigentlich nur seinen Körper. Man fängt immer so an, aber es sollte keine Endlösung sein.

Ich glaube, dass ein Ueli Prager – der Mövenpick-Gründer – in seinem ersten Laden auch selbst drin stand, und die Leute haben in Zürich nicht gesagt: «Wir gehen zu Mövenpick», sondern «Wir gehen zum Ueli ...» Aber ein paar Jahre später ist kein Mensch mehr zum Ueli gegangen, da sind alle zu Mövenpick gegangen. Es waren plötzlich andere Dinge in den Vordergrund gerückt, andere Mitarbeiter standen im Kundenkontakt und eben nicht mehr der Unternehmer selbst.

Ich habe zu diesem ganzen Themenkreis drei Buchempfehlungen für Sie:

- Das Erste kennen Sie vielleicht: «Flow» von Professer Csikszentmihalyi (siehe dieses wie auch andere Bücher in der Bibliografie auf Seite 203), einem ungarisch-stämmigen Mann, der einen Lehrstuhl an der Uni Chicago hat.
- Die anderen beiden zum Thema Positive Psychologie sind relativ neu, das eine ist von Professor Martin Seeligmann: «Warum Optimisten länger leben.»
- Und das Dritte gibt es meines Wissens nur auf Englisch: «How full is your bucket?» von Tom Rath und Donald O. Clifton. Es ist amerikanisches Englisch; man kommt gut mit ein paar Vokabeln aus, das haben Sie abends in einer halben Stunde gelesen.

Hier die Zusammenstellung der wichtigsten Bestandteile:

Zunächst das Buch von Mihali Csikszentmihalyi. Dieser Glücksforscher hat herausgefunden, dass der Anteil der Menschen, die rückhaltlos sagen können, sie seien glücklich, sich in den letzten 40 Jahren nicht verändert hat. Da muss ich kein Professor sein, um jetzt schon zu wissen, dass es dann nichts mit Geld zu tun haben kann, denn vor 40 Jahren gab es die Summen, die wir heute zur Verfügung haben, nicht.

Und wie hoch ist der Anteil der Glücklichen? Es sind 15 Prozent.

15 Prozent der Menschen sind glücklich! Das bedeutet umgekehrt: 85 Prozent machen Kompromisse, wählen den falschen Beruf, mangelnden Talents beispielsweise, oder sind dramatisch unvorsichtig bei der Auswahl ihrer Schwiegermütter. Die gehören dann schon mal nicht zu den 15 Prozent. Schließlich hat der Herr Professor belegt, dass die 15 Prozent Glücklichen nicht einmal unbedingt reich sein müssen, doch Reichtum stört natürlich nicht wirklich. Die Glücklichen aber sind immer einem Ziel verschrieben. Je größer das Ziel, desto glücklicher. Man muss kein Professor sein, um nachvollziehen zu können, dass beim Lebensziel einer Sozialwohnung am Haselberg in München die Motivation darin bestünde, morgens nach dem Aufstehen zu pinkeln. Das ist dann halt alles.

Wenn aber eine junge Frau oder ein junger Mann bestimmt, sein Lebensziel sei – was weiß ich – eine Uhrmacherkette oder das größte Fachgeschäft in Nordbayern, ein Haus in London, eine Finca in Spanien, vielleicht zwei Ferraris im Stall, wären die Voraussetzungen für sein Glück größer. Aber Vorsicht: Es müssen gar keine Geldziele sein – er könnte auch sagen: «Ich werde die männliche Mutter Theresa des 21. Jahrhunderts!», das würde auch funktionieren. Je größer die Ziele sind, egal in welchen Bereichen, desto leichter produzieren wir – völlig legal – körpereigenes Rauschgift: Endorphine – Glückshormone.

Die beiden anderen Bücher zur Positiven Psychologie besagen, dass echtes Glück auf drei Säulen basiert.

Die erste Säule sind die «persönlichen Stärken»: Ich muss einfach wissen, was ich in meinem persönlichen Rucksack habe und wo meine Neigungen, meine Talente sind.

Dann braucht es natürlich als zweite Säule «Sinn». Wir reden zuviel von einem sinnvollen Leben. Ein sinnvolles Leben setzt voraus, dass ich auch einen Sinn in meiner Arbeit habe. Ich kann nicht einfach sagen: «Dienst ist Dienst, und Schnaps ist Schnaps». Es muss beides passen!

Die dritte Säule ist eben dieser ominöse *flow,* dieses Glücksgefühl.

Der *flow channel* entsteht aus dem Zusammenspiel von Herausforderung und Qualifikation. Ein Michael Schumacher etwa hat mit sieben Jahren begonnen, Gokart-Rennen zu fahren. Dies entsprach einer relativ kleinen Herausforderung, da relativ geringe Qualifikationen dazu nötig waren. Aber ich denke, dass es für einen 7-jährigen Endorphin pur war! Wenn wir uns vorstellen, dass er mit 18 Jahren noch Gocart gefahren wäre, was wäre dann wohl passiert? Er wäre herausgefallen aus dem *Flow*-Kanal, in die so genannte Komfortzone, in der man Langeweile empfindet. Wahrscheinlich wäre er dann rückwärts gefahren, um die Spannung zu steigern.

Umgekehrt, wenn er zu früh in die Formel 1 umgestiegen wäre, hätte er mindestens große Furcht verspürt, weil die Qualifikation dieser riesigen Herausforderung noch nicht entsprochen hat. Mich hat es nicht gewundert, dass der Michael nach vier Weltmeisterschaften mit dem besten Auto Benetton stehen ließ und zu Fiat um-

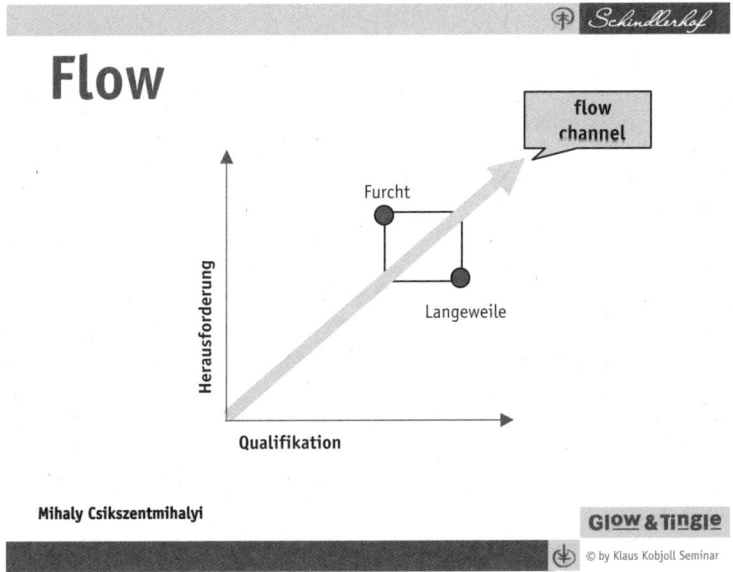

Flow

Schindlerhof

flow channel

Furcht

Langeweile

Herausforderung

Qualifikation

Mihaly Csikszentmihalyi

Glow & Tingle

© by Klaus Kobjoll Seminar

gestiegen ist. Er musste es tun, die Herausforderung erhöhen, sich und seine Mitarbeiter qualifizieren, um schnellstmöglich wieder zurückzufinden in diesen *flow channel,* den Glückskanal.

Der alte Mahatma Gandhi sagte zu seiner Zeit: «Wenn du etwas drei Jahre gemacht hast, betrachte es sorgfältig; wenn du es fünf Jahre gemacht hast, betrachte es misstrauisch, wenn du es zehn Jahre gemacht hast, mache es anders!» Ich kenne keinen Job, der ein Leben lang so spannend ist, dass man im *flow channel* bleibt.

Aus diesem Grund überarbeiten alle unsere Führungskräfte, auch meine Familie und ich, einmal im Jahr unsere Hauptaufgabenliste und Planung, um eine höhere Arbeitsqualität zu erreichen.

Wir überlegen auch jährlich, welche Aufgaben an wen delegiert werden können, beispielsweise an junge Führungskräfte, die Spaß daran haben und dabei noch ein Feeling im Bauch kriegen, wenn es für uns schon längst Routine ist.

Das gehört auch zur Motivation. Es ist ihr nächster Bestandteil – und den nennt die Professorin Heike Bruch in St. Gallen «Winning

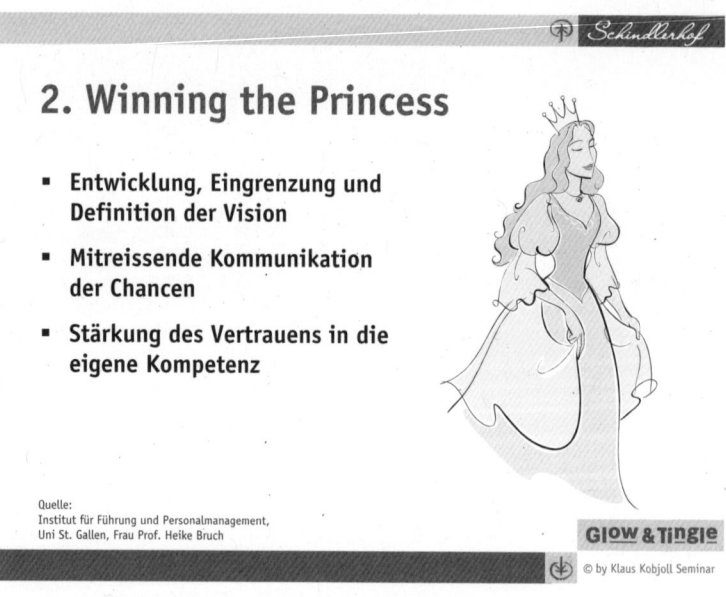

Schindlerhof

2. Winning the Princess

- **Entwicklung, Eingrenzung und Definition der Vision**
- **Mitreissende Kommunikation der Chancen**
- **Stärkung des Vertrauens in die eigene Kompetenz**

Quelle:
Institut für Führung und Personalmanagement,
Uni St. Gallen, Frau Prof. Heike Bruch

GloW & Tingle

© by Klaus Kobjoll Seminar

the Princess». Ich finde das eine wunderbare Wortschöpfung, wenn man im Team herüberbringen kann: «Mensch Kinder, wir müssen mal wieder eine Prinzessin abschleppen! Wir müssen mal wieder einen Preis gewinnen, wir müssen mal wieder eine Auszeichnung nach Hause holen!» Menschen wollen auf dem Siegertreppchen stehen, Menschen wollen für Gewinner arbeiten, sie wollen Preise abräumen! Ich muss natürlich zunächst diese Vision – diese Prinzessin, die wir nach Hause holen wollen – sauber eingrenzen, entwickeln – ich muss sie definieren. Und dann muss ich sie mitreißend kommunizieren.

Was nicht funktionieren kann, ist, dass der Chef den Mitarbeitern sagt: «Da gibt es jetzt so eine Ausschreibung ‹Best Place to work›, die besten Arbeitgeber Europas, na ja, lass uns da mal mitmachen, vielleicht kommen wir unter die Top 100, kann ja sein. Ihr müsst halt mal ein bissel was tun...» Dann braucht man gar nicht anfangen.

Es gibt Leute, die sind so schmallippig, dass sie zum Lachen in den Keller müssen. Sie sind nicht in der Lage, diese Euphorie, diesen Leistungswillen, diese Begeisterung herüberzubringen. Wichtig ist letztlich auch immer wieder die Stärkung des Vertrauens in die eigene Kompetenz: «Also Leute, mit euch schaffen wir das, macht euch keine Sorgen. Wir haben schon ganz andere Prinzessinnen heimgeholt, die haben sich viel mehr geziert wie die, das kriegen wir auch noch gebacken.» Das ist die Vorgehensweise.

Meine Tochter hat den bayerischen Unternehmerpreis in der Kategorie «Unternehmensnachfolge» gewonnen, eine Riesenpreisverleihung mit 1000 Leuten – eine Stunde Fernsehsendung –, und wir haben natürlich einige Mittelständler, die sich da auch mit ihren Kindern beworben haben, auf die Plätze verwiesen.

Die letzte Prinzessin, die wir heimgeholt haben, ist die Auszeichnung als «Deutschlands beste Arbeitgeber»: Rang 1 in der Hotellerie, Rang 8 in der Größenordnung 50–500 Mitarbeiter und Rang 18 in der Gesamtwertung aller Unternehmen deutschlandweit! Ausschlaggebend hierfür ist der MAX, unser Mitarbeiter-Motivations-instrument.

Da ist bei mir wieder sehr viel Endorphin entstanden, sehr viel Glücksgefühl. Und das ist der dritte Bestandteil von «Winning the Princess».

Ein kleiner Nebeneffekt: Diese ganzen Auszeichnungen, die sie mit Ihren Teams abräumen, bemerkt natürlich auch Ihr Banker. Wenn ich wieder baue – wir stehen gerade vor der Baustufe 5 –, dann muss ich mir keine Sorgen machen, dass ich das nicht klassisch finanziert bekomme. Ich muss nicht mit Mezzanin-Kapital oder *venture capital* oder alternativen Finanzierungsformen rummischen.

Es ist aber auch ganz wichtig, dass Sie solche Sachen nicht allzu ernst nehmen. Man muss ironisch bleiben, man muss über seine Erfolge auch locker lachen können. Man muss auch irgendwann sagen können: «Auf zu neuen Ufern», diese alten Kamellen da können wir nicht dauernd auf unserem Schild vor uns hertragen. Das ist auch gar nicht nötig.

Es gibt ein paar Voraussetzungen: Ich kenne Ihre Ziele nicht, aber ich weiss eines: Egal welche Ziele Sie haben, egal wie groß die sind, Sie können alle erreichen, wenn Sie die größten mentalen Kräfte dieser Welt nutzen und für sich arbeiten lassen. Die erste starke mentale Kraft – das wissen wir alle – heißt Träumen. *If you can dream it, you can get it.* Alles, was ich mir vorstellen kann, kann ich erreichen. Jetzt gib es leider Gottes Menschen, die «haben im Kopf eine lächerliche Einzimmerwohnung, und die ist auch noch tapeziert mit der traurigen Tapete der Erfahrung» (Gerd Gerken).

Sie können es sich nicht vorstellen. Als Kinder konnten wir alle träumen: Gänseblümchen im Mundwinkel, zum Himmel hochguckend und sich sein Leben so ausmalend. Das ist eine Sache, die man sich wieder erarbeiten muss, wenn man es denn vergessen hat. Das ist die erste Voraussetzung für Erfolg.

Die Zweite: Ich muss aus einem Traum eine Vision werden lassen. Das klingt natürlich wieder fürchterlich geschwollen. Eine Vision ist nichts anderes als ein Traum mit einer Kontur. Alles hier fing mit einem Modell vom Schindlerhof an. Ein Architekt träumt ein Haus, und im nächsten Moment sitzt er heutzutage am PC und macht *computer-aided design* oder baut ein Modell im Maßstab zum Beispiel 1 : 500.

Wenn der Pininfarina einen neuen Ferrari entwirft, sieht er den auch erst vor seinem geistigen Auge, und dann nimmt er Ton in die Hand und baut ein Modell. Kaum hat der Traum eine gewisse Struktur, fehlt noch ein bisschen Projektmanagement, und morgen wird er Realität sein.

Jeder Traum will sich materialisieren. Und die erste Chance, die er bekommt, ist, dass ich ihn erst einmal durchstrukturiere, dass ich ihn dreidimensional von allen Seiten betrachten kann. Das ist nichts anderes, als das, was hier gemeint ist: aus einem Traum eine Vision werden lassen.

Die dritte mentale Kraft, die wir nutzen können, nennt sich «Positives Denken». Es ist eine ganz, ganz einfache Geschichte, aber genau an dieser einfachen Geschichte lahmt unser Land seit langer Zeit. Es ist kaum zu glauben: Sonntagabends sitzen Millionen in Deutschland vor der Glotze, sehen sich «Sabine Christiansen» an, und es kommen fast nur Jammerlappen zu Wort. Es ist immer wieder verblüffend, es sind gute Leute dazwischen. Aber vorwiegend wird gejammert. Und dann gehen alle mit hängenden Flügeln in ihre Betten und sagen: «In Deutschland gehen die Lichter aus.»

Und mit dieser Einstellung gehen sie am nächsten Tag zur Arbeit und sagen: «Zurzeit kaufen die Leute alle nur billige Uhren, also keiner kauft mehr einen Ewigen Kalender.» Und der Autohändler geht in seinen Laden und sagt: «Keine Neuwagen verkaufen wir momentan, wir verkaufen nur noch gebrauchte.» Und wenn jetzt ein Kunde reinkommt, dann steht auch keiner mehr auf, weil alle denken: «Der will ja nur einen Autoprospekt.»

Das gilt auch bei kleineren Einkäufen, wenn Sie als Dame in eine Boutique gehen, werden Sie freundlich begrüßt, aber insgeheim denken viele Verkäuferinnen: «Hoffentlich greift sie nicht zu viele Pullis aus dem Regal, die muss ich nachher alle wieder einordnen, kaufen tut sie eh nichts ...» Wir haben unser Land wirklich ein bisschen in diese Richtung manövriert.

Natürlich hat keiner von uns darauf Einfluss, was da draußen im Land passiert, aber ich glaube, jeder hat darauf Einfluss, was in seinem Laden passiert. Wir können dafür sorgen, dass in unserem Betrieb eine positive Stimmung herrscht.

Die vierte Grundvoraussetzung – da hat mir ein hervorragender Unternehmer geholfen; ich bin nicht selbst darauf gekommen –, das sind die so genannten dynamischen Felder. Das scheint auf den ersten Blick widersprüchlich zu sein, aber eigentlich ist es wie bei einer Steckdose, da kommt ja auch Wechselstrom, einmal aus dem linken und das andere Mal aus dem rechten Loch heraus. Sonst kriegen Sie keinen Föhn zum Laufen. Was gemeint ist, erkennt man sehr schön an dem Wortpaar Freiheit und Pflicht. Das ist ein dynamisches Feld. Unternehmer sein heißt frei sein. Aber es gibt keine Freiheit ohne Pflicht.

Der weltberühmte Neurologe und Psychiater Professor Viktor E. Frankl hat diesen Satz des indischen Nobelpreisträgers Ranindranath Tagore (1861–1941) oft zitiert: «Ich schlief und träumte, das Leben sei Freude. Ich erwachte und sah, das Leben war Pflicht, ich arbeitete und siehe, die Pflicht war Freude!» Und wir haben im Schindlerhof diese dynamischen Felder angesprochen und den Mitarbeitern kommuniziert.

Ein weiteres Beispiel ist kompromisslose Leistungsorientierung. In allen unseren Verträgen stehen 45 bis 50 Wochenstunden Arbeitszeit. Notwendige Überstunden werden nicht gesondert vergütet. In unserem Leitbild steht: «Der Gast bestimmt die Öffnungszeiten, denn wir wissen, dass er unsere Gehälter zahlt. Dienen kommt vor dem Verdienen.»

Und auf der anderen Seite sprechen wir von freizeitähnlicher Arbeit. Sie werden im Schindlerhof keine Uniformen sehen, es sind

Jeans erlaubt, sogar an der Rezeption. Ich stecke doch niemanden in ein Dirndl und schwarzgelb gestreifte Kartoffelkäfer-Jacken. Das sind vielleicht Kleinigkeiten, aber sie machen verdammt viel aus! Es stimmt eben nicht, dass eine 45- bis 50-Stunden-Woche bedeuten muss, man hätte keinen Spaß bei der Arbeit. Wir reden trotzdem von freizeitähnlicher Arbeit. Es wird viel gelacht, die meisten sind per Du, es geht lässig im Team zu; auch wenn eine Führungskraft vorbeiläuft, wird weiter gelacht.

Noch ein letztes Beispiel, Kostenmanagement: Wir hatten im Jahr 2003 ein schwieriges Jahr, 5 Prozent minus auf das Vorjahr. Daraufhin führten wir die zweite Stufe unseres Kostenmanagements ein. Die 13. Gehälter der Führungskräfte mussten halbiert, das Weihnachtsgeld für alle Mitarbeiter um ein Drittel reduziert werden. Zu den Preisverleihungen mussten die Mitarbeiter auf eigene Kosten anreisen und die Hotels selbst bezahlen. Trotzdem hat keiner gefehlt, weil die Mitarbeiter mit entschieden haben, wo gespart wurde. Es stimmt nicht, dass das Anziehen der Kostenschraube bedeuten muss, dass die Motivation in den Keller geht. Wenn Sie die Probleme klar kommunizieren, wenn die Leute mit entscheiden dürfen, bleibt trotzdem der Spaß-Sound, das Klima, erhalten.

Die fünfte Voraussetzung, die Sie in einem Unternehmen brauchen, um große Ziele zu erreichen, ist dieses EFQM-Modell. EFQM ist die Abkürzung für *European Foundation for Quality Management,* welche in Brüssel sitzt, jedoch in allen europäischen Ländern Niederlassungen hat. So auch die Deutsche Gesellschaft für Qualität, die DGQ, in England ist die Princess Royal, also Princess Anne, die Schirmherrin für die Gesellschaft für Qualität.

Das EFQM-Modell wurde auch in Hinblick auf die USA und Japan entwickelt. Es ist ein ganzheitliches Qualitätsmanagement-Modell.

Ich habe es unseren Mitarbeitern auf eine ganz einfache Art und Weise erklärt: «Stellt euch vor: Es ist ein Schrank mit neun Fächern, und als Erstes legen wir das in den Schrank hinein, was wir

V. Das EFQM-Modell

1. Führung

Wie die gesamten Führungskräfte des Unternehmens in ihrem täglichen Tun die Werte und Normen des Unternehmens vorleben und vormachen. Wie Führungskräfte den ständigen Kreislauf der Verbesserung vorantreiben, die freiwillige Mitarbeit ihre Teams gewInnen und für die Kommunikation des TQMGedankens innerhalb und außerhalb des Unternehmens sorgen.

2. Politik & Strategie

Wie das Unternehmen Politik und Strategie formuliert. Welche Instrumente zur Dokumentation des Unternehmensleitbildes und der lang-, mittel- und kurzfristigen Planung zum Einsatz kommen. Wie diese regelmäßig überprüft werden und wodurch ihre Kommunikation innerhalb und außerhalb des Unternehmens sichergestellt wird.

3. Mitarbeiterorientierung

Alles, was für die Mitarbeiter der Firma getan wird. Wie ihre aktive Beteiligung bei der Gestaltung der betrieblichen Abläufe erreicht wird. Welche Instrumente sowohl für die persönliche wie auch fachliche Weiterbildung zur Verfügung gestellt

4. Ressourcen

Finanzielle Mittel, natürliche Ressourcen, Informationen, Material und Gebäude sind wichtige Bestandteile des Unternehmens. Der sorgfältige Umgang mit eben diesen hat direkte Auswirkung auf die Ergebnisse.

5. Prozesse

Wie die Kern- und Subprozesse des Unternehmens definiert werden. Wie sie regelmäßig überprüft werden und wodurch ihnen ergebnisorientiertes Handeln zugrunde gelegt wird.

6. Kundenbegeisterung

Der Kunde darf nicht nur zufrieden, er muß begeistert sein. Und dies nicht nur subjektiv, sondern mit aussagekräftigen Meßgrößen.

7. Mitarbeiterzufriedenheit

Begeisterte Mitarbeiter erhöhen die Kundenzufriedenheit nachweislich. Somit ist eine Beurteilung der Firma durch die Mitarbeiter unabdinglich.

8. Image

Was tut das Unternehmen für die Region, in der es angesiedelt ist, welche aktive Beteiligung nimmt es an seiner Umwelt?

9. Geschäftsergebnisse

Wie sichert das Unternehmen langfristig seinen geschäftlichen Erfolg, um somit seiner sozialen Verantwortung den Mitarbeitern, der Umwelt und allen am Geschäftserfolg beteiligten Personen gegenüber gerecht zu werden?

 Innovation und Lernen

 GLOW & TINGLE

© by Klaus Kobjoll Seminar

schon haben, und dann gucken wir, was noch fehlt, um es nachzu-
liefern.»

Das erste Fach heißt «Leadership», also Führung. Die Definition
dieses Kriteriums bei uns im Schindlerhof, also nicht die offizielle
Version der EFQM, ist: «Hier ist nachzuweisen, wie die gesamten
Führungskräfte eines Unternehmens in ihrem täglichen Tun die
Werte und Normen des Unternehmens vorleben.» Das geht nur,
wenn Werte und Normen vorhanden sind. Wenn kein Leitbild vorhanden ist, wie kann dann eine Führungskraft Werte vorleben? Es
geht nicht.

Es ist auch nachzuweisen, wie die Führungskräfte ständig den
Kreislauf der Verbesserungen vorantreiben. Also den KVP – den
Kontinuierlichen Verbesserungsprozess bzw. «Continuous Process
of Improvement».

Ein weiteres nachweispflichtiges Kriterium ist, wie die Führungskräfte die freiwillige Mitarbeit ihrer Teams gewinnen, wobei
die Betonung auf *freiwillig* liegt. Dabei ist mir im Zusammenhang
mit dem Einzelhandel Folgendes aufgefallen: Ich darf seit einigen
Jahren für verschiedene Konzerne Seminare geben. Bevor das Ladenschlussgesetz gelockert wurde, gab es Filialleiter, die sagten:
«Meine Mitarbeiter würden nie ohne Lohnausgleich den Laden
zwei Stunden länger offen halten», und es gab andere Filialleiter aus
demselben Konzern, die gesagt haben: «Meine Mitarbeiter scharren
schon mit den Hufen und fragen: ‹Chef, wann dürfen wir denn
endlich bis 20 Uhr aufmachen?›»

Der eine schafft es, dass seine Leute freiwillig mittun, und der
andere verschanzt sich und sagt: «Sie wollen nicht.» Der Fisch stinkt
ja bekanntlich immer am Kopf zuerst. Die Mitarbeiter können nur
so gut sein wie die betreffende Führungskraft.

Letztlich bleibt dann noch nachzuweisen, wie sie für die Kommunikation dieses Total-Quality-Management-Gedankens innerhalb und ausserhalb des Unternehmens Sorge tragen.

Bleiben wir kurz bei der Führung. Warum fahren wir Bayern so gern in die Berge? In die Schweiz, nach Österreich? Weil es da Berg-*Führer* gibt und keine Berg-*Treiber.* Also angenommen, Sie trauen sich nicht alleine über den Bianco-Grat, dann nehmen Sie sich einen Bergführer. Der muss klettern können und sein Handwerk beherrschen; aber er hat auch noch andere Qualitäten: Er vermittelt die Liebe zu den Alpen, er sagt: «Bleib mal einen Moment stehen und nimm mein Glas, da drüben steht ein Steinbock.» Es kommt etwas zum reinen Handwerkszeug dazu.

Überträgt man diese Metapher auf das Unternehmen, dann sind es die Klettertechniken, das Management, welches man lernen kann. Zu diesem Thema steht in jeder Buchhandlung ein zwei Meter langes Regal von Büchern von: Reinhard Sprenger, Professor Malik, Uni St. Gallen, Professor Gertrud Höhler, und wie sie alle heißen.

Was man aber meines Erachtens nicht lernen kann, sind Leadership-Qualitäten. Leadership hat immer mit Emotionalität, mit Übertragung von Begeisterung zu tun. Es muss beides zusammenkommen, damit Musik darin ist, dass Leute mitgerissen werden – und nicht nur Kletter-Techniken. Ich gehe nach Führungsgrundsätzen vor und habe meine Führungsphilosophie an der Wand hängen, aber das reicht eben alleine nicht aus.

Legen Sie sich ins zweite Fach hinein, was Sie zum Thema Politik und Strategie haben. Also legen Sie da Ihr Leitbild hinein, Ihre Marketing-Konzepte, Ihren Jahreszielplan. Sie weisen nach, ob Sie diese Dinge regelmäßig überprüfen, oder ob Sie einmalig Ihr langfristiges Ziel aufgeschrieben haben und es nie überarbeitet wird.

Und auch da weisen Sie nach, wie Sie die Kommunikation innerhalb und außerhalb des Unternehmens sicherstellen. Den Jahreszielplan, hat den jeder Mitarbeiter? Wissen auch die Lehrlinge, wie viel Umsatz in diesem Monat, in diesem Jahr zu erzielen sind, wie die Gewinnsituation ist? Ja oder nein?

Dann Kriterium vier, das nächste Fach. Hier weisen Sie nach, wie Sie mit Ressourcen umgehen und Partnerschaften ausbauen. Und damit ist nicht nur Geld gemeint. Es gibt nämlich noch andere Ressourcen: Umwelt und Natur. Wie gehen Sie mit Informationen um? Material und Gebäude, auch das sind wichtige Bestandteile Ihrer Ressourcen. Eine intensiv genutzte gewerbliche Immobilie muss akribisch instand gehalten werden, sonst gehen die Gewinne irgendwann bergab. Daher sollte einer Ihrer Kernprozess deren Instandhaltung sein. Je sorgfältiger Sie mit all diesen Ressourcen umgehen, desto besser sind letzten Endes auf der anderen Seite später Ihre Geschäftsergebnisse.

Das fünfte große Fach, das sind Ihre Prozesse. Hier weisen Sie nach, wie alle Kern- und Subprozesse des Unternehmens definiert werden. Wir im Schindlerhof haben in diesem Fach 127 qualitätsrelevante Verfahrensbeschreibungen niedergelegt: Wie wird ein Gast begrüßt, wie verabschiedet? Wie verhalte ich mich am Telefon? Wie sieht die Korrespondenz aus? Dann geht es um Sauberkeit und Pflege und so weiter. Wir haben 45 Checklisten für den täglichen Einsatz entwickelt und arbeiten mit 8 Kernprozessen. Unsere Subprozesse überprüfen wir regelmäßig, es muss ihnen natürlich ergebnisorientiertes Handeln zugrunde liegen.

Jetzt teilt sich dieser Baukasten, dieses Modell. Bis hierhin können Sie aktiv etwas hineinlegen. Das ist die so genannte *Enabler-*Seite, die Befähigerseite. Und auf der anderen Seite können Sie nur noch messen, wiegen, zählen.

Sechstes Fach: Kundenzufriedenheit. Wie begeistert sind Ihre Kunden? Es reicht nicht, das nur subjektiv zu bewerten («Die waren bestimmt alle zufrieden ...»), sondern Sie müssen es nachweisen.

Das Gleiche gilt für die Mitarbeiter. Wie zufrieden, wie begeistert sind Ihre Mitarbeiter? Auch da braucht es *surveys,* Mitarbeiterbefragungen, möglichst mit 360-Grad-Feedback. Bei uns beispielsweise wird jede Führungskraft und auch die Familie von jedem Mitarbeiter namentlich einmal im Jahr beurteilt. Es wird Fragen auf den Grund gegangen, wie: Wünschen Sie sich eine Änderung im Führungsverhalten von Herrn oder Frau sowieso? Wo kränkt er oder sie sie bei Ihrer Arbeit? Wo werden Sie in Ihrer Leistungsentfaltung behindert?» Das läuft bei uns offen mit Angabe von Namen. Die Auswertung aber erfolgt natürlich anonym. Das kleinste Kriterium, das nur mit 6 Prozent an der Gesamtbewertung beteiligt ist, ist der «Impact on Society», wie ist das Image unseres Unternehmens in der Gesellschaft? Ein Unternehmen muss mehr sein als nur ein Gewerbesteuerzahler in einem Stadtteil. Sie können natürlich aktiv etwas tun, damit sie ein gutes Image haben, wie Kultur-, Sozial-, Wirtschafts-, Sport-Sponsoring, soziales Engagement und so weiter. Das neunte Kriterium erklärt sich von selbst: Wie gut sind die Geschäftsergebnisse?

Diesem Modell wird ein Punktesystem zugeordnet. Sie können maximal 500 Punkte auf der Befähigerseite bekommen – theoretisch – und maximal 500 auf der Ergebnisseite. Bis jetzt ist dieses ganze Modell nichts Neues, weil es immer schon so gewesen ist, dass Mitarbeiter Prozesse gestalten, und auf der anderen Seite kommt etwas dabei heraus, ein Ergebnis. Wenn dies etwas Neues beinhaltet, dann, dass der Pfeil auch wieder in umgekehrte Richtung weist. Und da steht «Innovation und Lernen». Es geht um den Aufbau einer *Lernenden Organisation*. Egal wie gut die Ergebnisse sind, immer müssen Sie neu fragen: «Liebe Mitarbeiter, könnt ihr euch den Prozess noch eimal anschauen? Können wir den Prozess noch weiter optimieren, um zu noch besseren Ergebnissen zu kommen?» Die Industrie macht es uns seit Jahrzehnten vor.

Das ist fast die Quadratur des Kreises: Wie kann ich im Dienstleistungsbereich mit wenigen Mitarbeitern und längeren Öffnungszeiten zu einer höheren Kundenzufriedenheit kommen? – Durch ständiges *Re-engineering*, durch ständige Prozessoptimierung. Das ist der Kern dieses Modells. Die schönste Visualisierung des Modells gibt es von Rank Xerox, die zwei Jahre vor dem Schindlerhof den European Quality Award gewonnen haben. Sie visualisieren das Modell in Form von fünf Zahnrädern, die auf der Enabler-Seite und der Befähiger-Seite ineinander greifen müssen. Wenn hier kein

Sand im Getriebe ist, dann entwickeln sich alle Geschäftsergebnisse automatisch positiv.

Die Kurbel für dieses Modell ist an der Führung angesiedelt, wenn man hier kraftvoll dreht, kann man nicht verhindern, dass sich die Geschäftsergebnisse verbessern. Es ist die Mission dieser EFQM, europäische Unternehmen im globalen Wettbewerb erfolgreicher zu machen.

Sie möchten, dass sie ohne Veränderungen in einem guten Angebot ihre Kalkulationen, ihre Gewinne deutlich steigern. Wir konnten dies mit unserem Betrieb beweisen. Wir haben, ohne die Abgabepreise zu erhöhen, deutliche Gewinnsteigerungen hinbekommen, weil wir Sand aus dem Getriebe genommen haben. Wir haben quasi rückwärts kalkuliert, zurückgeschaut, wie man Dinge noch eleganter, *leaner,* schlanker, produzieren kann, um dann am Schluss letztlich höhere Gewinne erzielen zu können.

Wir haben im letzten Wettbewerb in unserer Kategorie mit 600 bis 650 Punkten abgeschlossen. Das würde heute nicht mehr ausrei-

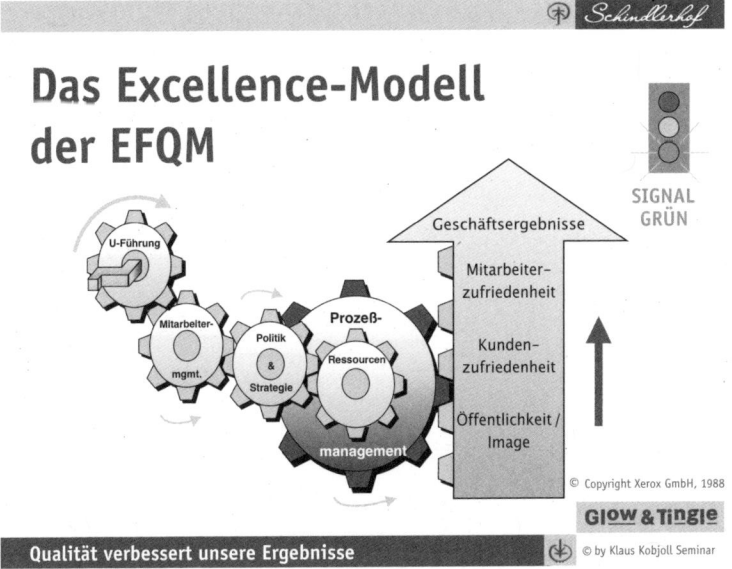

57

chen. Die Messlatte liegt bei 700 bis 750 Punkten für kleine und mittelständische Unternehmen. Bei den Großen eher noch ein wenig darüber. Es ist also verdammt viel Arbeit, da mitmischen zu können. Wir gönnen uns jetzt erst mal, was diese Wettbewerbe anbelangt, ein paar Jahre Pause.

Da Sie nicht ständig Drachen töten (das ist äußerst anstrengend, Sie bekommen Muskelkater) und auch nicht ständig Prinzessinnen abschleppen können, braucht es noch etwas Wichtiges für die Motivation. Das sind Dinge für nachhaltige Energieerhaltung. Was bringt uns nachhaltige Energie in unsere Unternehmen?

Es geht hierbei um den Aufbau von sich selbst revitalisierenden Managementsystemen. Ein Beispiel dafür ist ein Unternehmensleitbild. Wenn ich selber down bin und ich mein eigenes Leitbild lese, bin ich hinterher wieder motiviert. Darin steht: «Der Schindlerhof ist unser gemeinsames Lebenswerk und bleibt Eigentum unserer Familie...» Daran kann ich mich schon gleich wieder aufrichten. Ein weiteres ist der Jahreszielplan bei uns, und der ist wie ein *Roadbook* bei der Rallye Monte Carlo. So ein Jahreszielplan hat 60 bis 70 DIN-A4-Seiten und wird immer im November mit allen Führungs-

3. Nachhaltige Energieerhaltung

- **Aufbau sich selbst revitalisierender Managementsysteme (Strategie, Kultur, Leadership)**
- **Entwicklung einer Handlungskultur**
- **Starke Führung in der Linie**

Quelle:
Institut für Führung und Personalmanagement,
Uni St. Gallen, Frau Prof. Heike Bruch

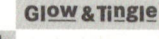

GLOW & TINGLE

© by Klaus Kobjoll Seminar

kräften außer Haus entwickelt. Ein Jahr lang kann jeder nachlesen, was in diesem Jahr vom Einzelnen erwartet wird. Er wird natürlich von allen Führungskräften in einem feierlichen Ritual unterschrieben und in einem Halbtagesseminar allen Mitarbeitern vermittelt.

Darüber hinaus haben wir seit vier Jahren MAX implementiert, den *MitarbeiterAktienindeX* – auch ein selbstrevitalisierendes System. Unsere Mitarbeiter schauen hierbei einmal im Monat über eine Software mit geschütztem Passwort «in einen Spiegel», keiner kann auf den «Aktienkurs» des anderen schauen. Der Index spiegelt wieder, wie sich der eigene Wert im vergangenen Monat für den Arbeitsmarkt verändert hat. Bewertungskriterien sind Pünktlichkeit, Weiterbildung, Mitarbeit am kontinuierlichen Verbesserungsprozess und vieles mehr – die Kriterien sind variabel, es müssen aber Dinge dabei sein, die sich immer wieder von selbst erneuern, dann enthalten sie eine zusätzliche Grundenergie.

Als Grundvoraussetzung ist dabei natürlich eine bestimmte Handlungskultur notwendig. Denken Sie mal an Ihre Betriebe. Könnte es sein, dass ein Meeting das andere jagt? Und immer wieder wird gelabert, und nichts wird entschieden? Es gibt Leute, die sind Planungsriesen und gleichzeitig Umsetzungszwerge. Ab einer gewissen Grösse brauche ich in dieser Hinsicht eine starke Führung. Ob Sie vier Metzgereifilialen oder zwei Friseursalons haben – Sie müssen einfach starke Leute in der Führung der einzelnen Outlets haben. Wenn Ihre Führungskräfte keine Energie haben, wie soll dann die Energie nachhaltig am Leben erhalten werden?

Peter Drucker, einer der Begründer moderner Managementtheorien, sagte hoch betagt zu diesem Thema: «Die erste und vorrangige Aufgabe von Führungskräften ist es, sich um ihre eigene Energie zu kümmern.»

Die Energie muss positiv sein, und sie muss eine hohe Intensität haben. Ich muss selbst volle Batterien haben, und wenn meine Energie stimmt, als Führungskraft, als Unternehmer, dann kann ich anfangen zu helfen, die Energien anderer nutzbar zu machen.

2. Zum Wert der ISO-Zertifizierung

Jetzt steht zu Beginn erst einmal einiges an Erklärungen. Das Wort Organisation (von griech. organon = Werkzeug) behandelt auf der einen Seite die Struktur eines naturwissenschaftlichen oder gesellschaftlichen Gegenstandes, auf der anderen Seite mit dem abgeleiteten Wort Organismus die Verbindung einzelner Organe zueinander in einem bestimmten Verhältnis.

Die Natur hat tausende von Jahren gebraucht, bis solche Organismen sinnvoll miteinander verbunden waren, aber Wirtschaftsbetriebe in der heutigen Form gibt es erst seit rund 300 Jahren, und so schnell hat die Natur nie sinnvolle Organismen hervorgebracht.

Und häufig entstehen eben erfolgreiche mittelständische Betriebe wie folgt: Fleißiger junger Mann trifft die richtige junge Frau – erste Bedingung –, beide krempeln die Ärmel hoch und fangen an zu malochen, und alles wächst mit – Fuhrpark, Mitarbeiterzahl, Umsatz, Gewinn. Nur eins nicht: Organisation.

Nach 20 Jahren Aufbauarbeit läuft immer noch die gesamte Post über den Chefschreibtisch. Dabei könnten Sie 95 Prozent dieser dabei anfallenden Arbeit einem Schimpansen mit einer Banane beibringen.

In meiner Branche laufen die Leute nach 30 Jahren immer noch abends von Tisch zu Tisch und fragen, ob das Essen schmeckt. Das sind doch keine unternehmerischen Hauptaufgaben. Es mag ja sein, dass das einer gerne macht, dann soll er es machen – dann braucht er aber jemand anderes im Laden, der die Hauptaufgaben des

Unternehmers übernimmt. Also muss ich immer wieder gucken: Wie komme ich zu dieser höheren Qualität?

Darum geht es bei dem kleinen Einmaleins der Organisationslehre. Ich will Sie auch gar nicht mit Theorie langweilen; ich gehe davon aus, dass alle von Ihnen ISO-zertifiziert sind und zeige Ihnen gleich die Praxis, was bei uns daraus geworden ist. Der Schindlerhof wurde als erster Betrieb in Deutschland als Hotel im Juni 1995 zertifiziert. In der Praxis sieht das wie folgt aus:

Gestern haben wieder zwölf neue Lehrlinge einen *Welcome*-Nachmittag erlebt. Man sollte jedem neuen Mitarbeiter innerhalb der ersten drei Monate nach dem ersten Arbeitstag wenigstens eine kleine Einführung gönnen, damit er mit diesen Organisationshandbüchern umgehen kann.

Unsere Lehrlinge müssen nicht 127 Verfahrungsbeschreibungen auswendig lernen, das wäre zu viel verlangt. Aber was sie können müssen ist: sich im Inhaltsverzeichnis auskennen. Und in diesem Inhaltsverzeichnis sehen sie diese betitelten 127 Verfahrensbeschreibungen, natürlich geordnet nach verschiedenen Überschriften: Einkauf, Sauberkeit, Gastkontakt und so weiter. Und sie müssen wissen: Wo finde ich was im Organisationshandbuch? Alle Beschreibungen sind immer gleich aufgebaut: Thema, Ziel, Weg. Hier ein paar Beispiele:

- *Verhalten am Telefon:* Für uns ist das eine qualitätsrelevante Verfahrensbeschreibung, das Thema heißt also Verhalten an der Telefonzentrale. Was ist das Ziel? Der Gast bekommt hier einen ersten Eindruck, der ihm Herzlichkeit, Kompetenz und das Gefühl, im Mittelpunkt zu stehen, vermittelt. Und jetzt beschreiben wir den Weg zu diesem Ziel: Jetzt geht's um Standards. Es gibt eng gefasste, und es gibt weiter gefasste Standards, manchmal gibt es sogar nur Empfehlungen («Ich empfehle, es so und so zu machen, du kannst es aber auch anders machen.»).

Das Telefon soll nicht mehr als drei Mal klingeln. Es hat Vorrang

Verhalten am Telefon

Schindlerhof - QM-Organisationshandbuch   ISO 9001

Thema   Verhalten an der Telefonzentrale

Ziele   Der Gast bekommt einen ersten Eindruck, der ihm Freundlichkeit, Herzlichkeit, Kompetenz und das Gefühl im Mittelpunkt zu stehen vermittelt

Weg
- Das Telefon soll nicht mehr als **dreimal klingeln.** Es hat Vorrang vor anwesenden Gästen
- Wir melden uns je nach Abteilung mit:
  «Schindlerhf», «Restaurant Schindlerhof» oder «Kreativzentrum Schindlerhof»
  «Sie sprechen mit ...» bzw. einfach nur mit dem Namen
  «Grußwort» (Guten Tag, Guten Abend etc)
- Da der Gast hier bereits den ersten Eindruck vermittelt bekommt, müssen folgende Punkte beachtet werden:
  - **bitte Lächeln am Telefon! Der andere sieht es nicht, aber er hört es!**
  - der Anrufer stellt sich mit seinem Namen vor, wir notieren uns diesen und verwenden ihn im weiteren Gesprächsverlauf immer wieder, denn nichts hört der Gast lieber als seinen eigenen Namen
  - wird der Name beim erstenmal nicht gleich richtig verstanden, so fragen wir nach:
  «Wie ist Ihr Name bitte?»
- Beim Entgegennehmen von Reservierungen werden weitere Punkte beachtet:
  - der Name des Gastes wird notiert, bei Bedarf lässt man ihn sich buchstabieren
  - «Bitte, Danke, Gerne» verwenden
  - konzentriert zuhören
  - Gesprächsnotizen machen
  - klar und deutlich sprechen
  - die komplette Reservierung dem Gast wiederholen um Fehler zu vermeiden
  - **bei Absagen, die durch Ausbuchung bedingt sind, immer Alternativen anbieten und eine Entschuldigung, dass es nicht geklappt hat**
  - unbedingt die Telefonnummer notieren, Ausnahmen bei im Haus bekannten Gästen
  - alle nötigen Details erfragen, um Rückfragen zu umgehen
  - sich herzlich verabschieden
- Anrufe, die nicht in der gewünschten Abteilung angekommen sind, werden umgeleitet

GIOW & TiNGIe

Verhalten am Telefon   © by Klaus Kobjoll Seminar

vor anwesenden Gästen. Wir melden uns je nach Abteilung mit: «Restaurant Schindlerhof, Sie sprechen mit Anne Johannsen.» Da der Gast hier den ersten Eindruck vermittelt bekommt, lächeln Sie bitte am Telefon – der andere sieht es zwar nicht, aber er hört es.

Wenn der Name des Anrufers nicht gleich richtig verstanden wird, wird nachgefragt: «Wie ist Ihr Name bitte?», und nicht: «Wie war doch der Name?» Er ist es ja noch, er ist ja nicht ge-

ja noch dran. Auf diese Weise stellen Sie sich alle
ten Beschreibungen vor.

Was ist das Ziel? Eine schnelle, fehlerfreie,
tätigung. Jetzt wird der Weg beschrieben: Obers-
das gesamte Unternehmen ist die sofortige Erle-
hriftverkehr, das heißt: Angebote werden am Tag
der Anfrag erschickt, schriftliche Bestätigungen gehen postwendend wieder am Tag der Buchung mit der Post raus. E-Mails
müssen innerhalb von zwei Stunden beantwortet sein. Wir haben keine Zeiterfassung im Schindlerhof für unsere Mitarbeiter.

Korrespondenz

Schindlerhof - QM-Organisationshandbuch   ISO 9001

Thema   Korrespondenz

Ziele   Das Ziel ist, dass der Gast **eine schnelle, fehlerfreie, schriftliche
               Bestätigung** über seine gebuchten Leistungen erhält; bzw. auf Anfragen
               die gewünschten Unterlagen zugeschickt werden...

Weg
- Für das gesamte Unternehmen ist die oberste Maxime die sofortige Erledigung von
  Schriftverkehr. Das heißt, Angebote werden am selben Tag der Anfrage verschickt, und
  schriftliche Best ätigungen gehen postwendend am Buchungstag raus. **E-mails müssen
  innerhalb von zwei Stunden beantwortet sein!**
- Formbriefe sind im Computer gespeichert, die individuell abgeändert werden können
  Standardformulierungen und Bürokratendeutsch werden vermieden, denn ein herzlicher
  Schreibstil ist unsere Devise.
- Uns kommt es auf folgende Inhalte an:
  korrekte Anschrift
  Datum
  Anrede mit «Guten Tag, Herr/Frau...!» oder ein herzliches «Grüß Gott, Herr/Frau...!» kann
  auch handschriftlich erfolgen
  Verabschiedung mit:
  «Mit gastfreundlichen Grüßen», «Mit -lichen Grüßen», «Mit sonnigen Grüßen»,
  «Mit sommerlichen Grüßen»
  Unterschrift und **gedruckten Namen** des Absenders
- Korrekturlesung durch eine zweite Person ist empfehlenswert, da Schreibfehler immer mal
  auftreten können, aber der Brief fehlerfrei abgeschickt werden muss.
- Nach der Korrekturlesung und evtl. Berichtigung wird der Brief ins Kuvert gesteckt,
  eventuelle Anlagen werden beigefügt, und dann kommt er ins Postausgangsfach, welches
  täglich geleert wird.
- Montags bis Freitags wird die Post frankiert und **bis spätestens 17.30 h** zum Postamt gebracht

GLOW & TINGLE

Korrespondenz   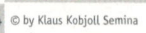 © by Klaus Kobjoll Semina

Wir sprechen von Vertrauensarbeitszeit, es muss einfach die gesamte Post am Tag, die reinkommt, bearbeitet werden, das kann mal zwölf Stunden dauern, an einem anderen Tag mal zehn Stunden.

Dann gibt es Formbriefe, die im Computer gespeichert sind, diese dürfen individuell abgeändert werden, es muss aber Bürokratendeutsch vermieden werden; es geht um einen herzlichen Schreibstil.

Es kommt auf bestimmte und wesentliche Inhalte an. Bei der Anrede gibt es verschiedene Alternativen: «Sehr geehrte gnädige Frau» oder «Grüß Gott Herr Sowieso»; es darf übrigens auch mit der Hand hineingeschrieben werden.

Es gibt verschiedene Verabschiedungsfloskeln: Mit herzlichen Grüßen, mit sonnigen Grüßen, mit weihnachtlichen Grüßen. Und dann wird es wieder ganz eng: Die Unterschrift kommt über dem gedruckten Vor- und Zunamen des Unterzeichnenden – damit nicht passieren kann, dass jemand die Sauklaue nicht lesen kann. Korrekturlesung durch eine zweite Person ist sehr empfehlenswert.

Nur eine Empfehlung: Wenn der Lehrling im zweiten Lehrjahr die Korrespondenz schon eine Woche gut gemacht hat, dann kann ich in der zweiten Woche sagen: «Du brauchst es mir nicht mehr vorlegen, du kannst deine Post selber unterschreiben.»

Dann die Schlussregel bei der Korrespondenz: «Die Post muss spätestens um 17.30 Uhr zum Postamt gebracht werden.» Dieser kleine Satz bringt mir 100 Euro Zinsen monatlich auf das S-Cash-Konto, weil meine Rechnungen einen Tag eher beim Kunden und damit einen Tag eher bezahlt sind. Es gibt Firmen, bei denen die Ausgangspost noch drei Tage in irgendeinem Fach liegt, bis sie dann doch jemand zur Post bringt. Da verlieren Sie ganz schön viel Geld.

• *Begrüßung:* Nehmen wir als Beispiel das Check-in eines Gastes. Was jetzt kommt, könnte natürlich genau so beim Arzt die Praxismanagerin sein oder im Friseursalon der Empfang. Jeder Gast wird nach Möglichkeit herzlich und mit seinem Namen begrüßt. Zur Begrüßung bekommt er einen Welcomedrink mit den Worten: «Dürfen wir Ihnen zur Begrüßung ein Glas Sekt anbieten?» oder «Dürfen wir Sie zu einem Glas Sekt einladen?» Wenn jemand am Vormittag eincheckt, gibt es natürlich keinen Sekt, sondern einen Espresso und Orangensaft.

Die Begrüßung erfolgt mit den Worten: «Herzlich willkommen bei uns, hatten Sie eine gute Anreise?» Das kommt vielen zuerst fast pingelig vor, dass sogar Sätze vorgegeben werden, aber das ist Bestandteil des Service-Designs.

Im Schindlerhof werden Sie immer mit Namen geweckt: «Guten Morgen Frau Sowieso, es ist 7.30 Uhr, Sie wollten geweckt werden. Ein wunderschöner Tag erwartet Sie.» Und bei Regen muss es heißen: «Ein guter Tag erwartet Sie.» Bei 22 Lehrlingen müssen Sie auch so weit gehen, dass die Begrüßungsfloskel auf den Wecklisten gleich in verschiedenen Sprachen drauf ist – auf diese Weise sichern Sie ab, dass es nicht nur einmal getan, sondern beibehalten wird.

- *Fixierte Regeln beim Service.* Dazu gehört das Prinzip der Schriftlichkeit: Gesagt ist nämlich noch nicht gehört. Gehört ist noch nicht verstanden, verstanden ist noch nicht einverstanden, Einverstanden ist noch nicht getan, und einmal getan ist noch lange nicht beibehalten.

Und da kann ich diese Kausalkette abkürzen. Wenn wir um 11.00 Uhr eine Kaffeepause haben, hat möglicherweise unser Praktikant, der erst seit vier Wochen im Haus ist, oder ein Lehrling, der erst seit dem 1. September da ist, das Mise en place für die Kaffeepause gemacht. Also geht es wieder um Standards: Jede Kaffeepause muss 30 Minuten vor Beginn fix und fertig sein. Es sind Bilder in den Organisationshandbüchern, wie die Teestation auszusehen hat: 11 Sorten Tee in den Kaffeepausen, am Frühstücksbuffet sind es 22 Sorten Tee.

Mise en place für Kaffeepausen

Schindlerhof - QM-Organisationshandbuch   ISO 9001

3. Kaffeepause mit Beilagen (Kaffeepausenpauschale):
alles wie unter 2. beschrieben und zusätzlich

3.1 KPP am Vormittag vom Sushiband (im KS als Station aufgebaut)
(30 Minuten vor Pausenbeginn fertig)

Folgende Bereiche müssen abgedeckt sein:
Obstwiese, Milchstraße, Durstlöscher, Kornfeld oder Herzhaftes, Gesunde Theke
Die ausgewählten Bausteine werden als Musterteller und mit Hinweisschild beschrieben.

3.2 KPP am Nachmittag
Folgende Bereiche müssen abgedeckt sein:
Obstwiese, Durstlöscher, Gesunde Theke, Bäckerei

4. Die Bausteine
4.1. Obstwiese
immer 4 verschiedene Sorten Obst ganze Stücke im Schälchen oder geschnittenes Obst mit Gabel,
Kiwi mit Löffel oder Obstsalat. (Mengenangabe s. Seite 4)
4.2. Milchstraße
immer 2 unterschiedliche Dinge Milchschnitte, Weihenstephan Joghurt, Weihenstephan
Buttermilch Fruchtquark, Softeis oder kleine Becher von Landliebe, Milchshake.
(Mengenangabe s. S. 4)

Glow & Tingle

Mise en place für Kaffeepausen   © by Klaus Kobjoll Seminar

Wie hat das Sushi-Band bestückt zu sein? Da sind Mengenangaben dabei: pro Person ein Glas frisch gepresster Saft, pro Person ein Joghurt, pro Person 50 g Gemüsesticks mit verschiedenen Dips. Selbst die Mengen sind angegeben. Alles ist bebildert. Und die Bilder sind deshalb wichtig, weil dann der Lehrling auch sieht: Kiwi wird im Ganzen serviert mit einem kleinen Löffel und einem Messer (es gibt Leute, die schälen die Kiwi, dafür das Messer). Ein anderer schneidet sie nur und isst sie mit dem Löffel raus. Jedes Detail ist hier vorgegeben.

Wichtige Checklisten werden am Schluss paraphiert, also mit einer Kurzunterschrift gegengezeichnet, und bei Schlussdienst-

nes
es:

esse sind die
, die die kritischen
aktoren direkt
ssen.

Sie haben für die
Kundenzufriedenheit und den
Erfolg eine direkte Bedeutung.

Checklisten steht auch immer drunter oder drüber: «Wer abzeichnet, ist verantwortlich für Einbruch, Diebstahl, Feuer, etc.»

Mit diesen Checklisten sind wir in der Lage, einen 22-jährigen jungen Mitarbeiter früh um vier nach einer Hochzeit den ganzen großen Laden absperren zu lassen, weil er dank der Listen weiß, wie viel Erdgeschossfenster kontrolliert oder wie viele Türen mit welchem Generalschlüssel wie oft zugesperrt werden müssen.

Und es wird immer wieder paraphiert, unterschrieben, und dann kommt es in das Postfach der Qualitätsbeauftragten. Nachts in einen Briefkasten außen.

Im Schindlerhof wurden acht Kernprozesse festgelegt. Es sind die wenigen Prozesse, die die kritischen Erfolgsfaktoren direkt beeinflussen. Und ich glaube, wir haben alle die gleichen kritischen Erfolgsfaktoren:

- *Kundenzufriedenheit und finanzieller Erfolg:* Also wenn eines von den beiden tangiert wird, verbirgt sich möglicherweise dahinter ein Kernprozess. Jeder Kernprozess hat einen Eigner, also eine Führungskraft, die voll verantwortlich für diesen Kernprozess ist. Bei Kundenauftrag gibt es natürlich mehrere Eigner, weil wir Kundenaufträge im Restaurant, im Bankett, im Hotel und im Tagungsbereich haben. Dafür sind die einzelnen Leistungsbereichsleiter verantwortlich.

- *Beispiel Kundenauftrag:* Wir haben eine Anfrage für eine Hochzeitsfeier. Die Anfrage könnte schriftlich oder telefonisch kommen, aber es gibt auch Leute, die persönlich vorbeikommen. Zuerst wird geprüft, ob der Raum verfügbar ist. Wenn der Raum für diesen Samstag im Mai nicht verfügbar ist, so muss eine Alternative angeboten werden: Können die Kunden die Hochzeit einen Tag vorher oder vielleicht eine Woche später machen? Wenn der Raum verfügbar ist, geht ein Angebot raus.
Sie ahnen sicher schon, wo diese 127 Verfahrensbeschreibungen hingehören: hinter das Kästchen Anfrage telefonisch: «Verhalten am Telefon». Und hinter das Kästchen Angebot verschicken: «Korrespondenz».

- Alles wird in diesem Kernprozess beschrieben – bis zum *Forderungseinzug.* Bei uns steht auf jeder Rechnung: «Wir sind ein Dienstleistungsunternehmen, deshalb sind unsere Rechnungen sofort und ohne Abzug zahlbar.»
Wir schicken nach zwei Wochen die erste Mahnung mit diesem Text: «Psst! Bisher weiss es noch keiner außer mir. Ich habe in meiner Datenbank einen Vermerk entdeckt, dass Sie noch eine offene Rechnung im Schindlerhof haben. Sollte ich innerhalb von zehn Tagen keinen Zahlungseingang verbuchen, bin ich leider dazu verpflichtet, Sie an unsere Buchhalterin zu verpetzen. Und das möchten Sie doch sicherlich vermeiden. Technische Grüße aus der Datenbank sendet Ihnen der Buchhaltungscomputer aus dem Schindlerhof.» Und dieser frechen Mahnung le-

gen wir noch einen Flyer bei: «Positive Auswirkungen eines funktionsfähigen Rechnungswesens». Und jetzt wird dem Schlamper vorgerechnet, dass 1 Million Debitoren-Außenstände, 4 Wochen verzögert, bei 4 Prozent Kontokorrent bereits 7778,00 Euro Zinsverlust im Monat ausmachen.

Da sollten manche Handwerker mal überlegen, ob es nicht besser wäre, ein bisschen weniger an der Front zu arbeiten und ab und zu mal einen Bürotag einzulegen, damit endlich die Rechnungen rausgehen. Wir haben teilweise Handwerker, die die Rechnungen kurz vor der Verjährung schicken. Davon kann man doch nicht leben. Wir akzeptieren einfach nicht, dass Leute immer wieder Zahlungsziele überschreiten.

Wer nach der zweiten oder dritten Mahnung zahlt, kommt mit seiner Rechnungskopie in einen Ordner, und den hat die Führungscrew immer dabei, wenn der nächste Jahreszielplan entwickelt wird. Dann entscheiden wir, mit wem wir nicht mehr arbeiten. Jeder hat die Kunden, die er verdient.

- *Instandhaltung* ist ein Kernprozess, denn der sorgfältige Umgang mit der Ressource Immobilie hat direkten Einfluss auf die Geschäftsergebnisse. Also tangiert finanzieller Erfolg einen Kernprozess. Hier geht es vor allem darum, dass nach einer Reparatur die Ursache festgelegt wird: Warum war diese Reparatur notwendig? Falsche Wartung, natürliche Abnutzung? Oder lag ein Bedienerfehler vor?

  Natürlich passiert es auch, dass unsere Mitarbeiter eine Maschine einfach falsch bedienen. Oder wenn uns der Kundendienst beim Kopierer sagt, er wisse nach 4 Millionen Kopien gar nicht mehr, was ausgetauscht werden solle. Dann wird ein Projekt «Neukauf» gestartet. Das ist billiger, als immer wieder in dieses Fass ohne Boden zu investieren.

- *Einkauf* ist natürlich auch ein Kernprozess. Und das Einzige, was ich dazu beigesteuert habe, ist unsere Einkaufspolitik. Da kann man dann nachlesen, dass wir alles beim Produzenten di-

Instandhaltung

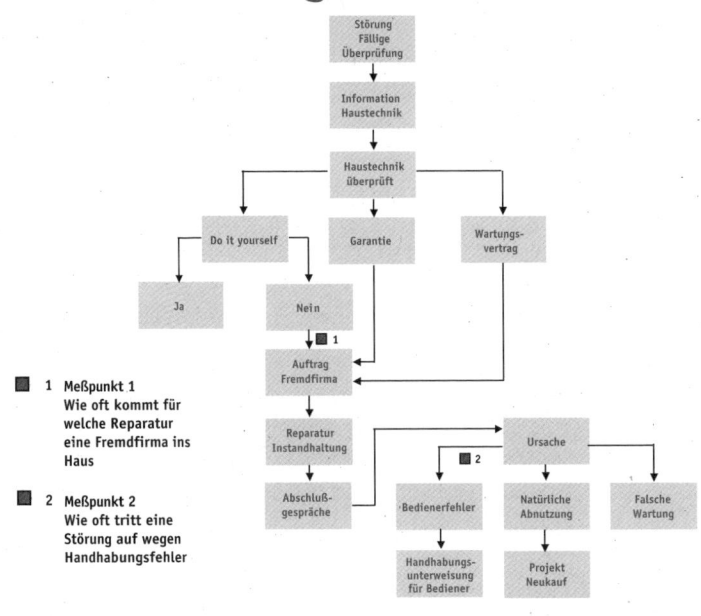

1 Meßpunkt 1
Wie oft kommt für
welche Reparatur
eine Fremdfirma ins
Haus

2 Meßpunkt 2
Wie oft tritt eine
Störung auf wegen
Handhabungsfehler

rekt kaufen, dass wir auf tiergerechte und umweltgerechte Erzeugung der Lebensmittel achten und keine genmanipulierten Nahrungsmittel einkaufen. Wir haben hineingeschrieben, dass wir mit Konzernen grundsätzlich härter verhandeln als mit Klein- und Mittelunternehmern; dass zunächst mittelständische Partner und solche aus der Region bevorzugt werden.

Alle meine Mitarbeiter, die mit Einkauf zu tun haben, kennen die Einkaufspolitik und können sich danach richten, ohne dass ich mich einmischen muss.

Einkauf

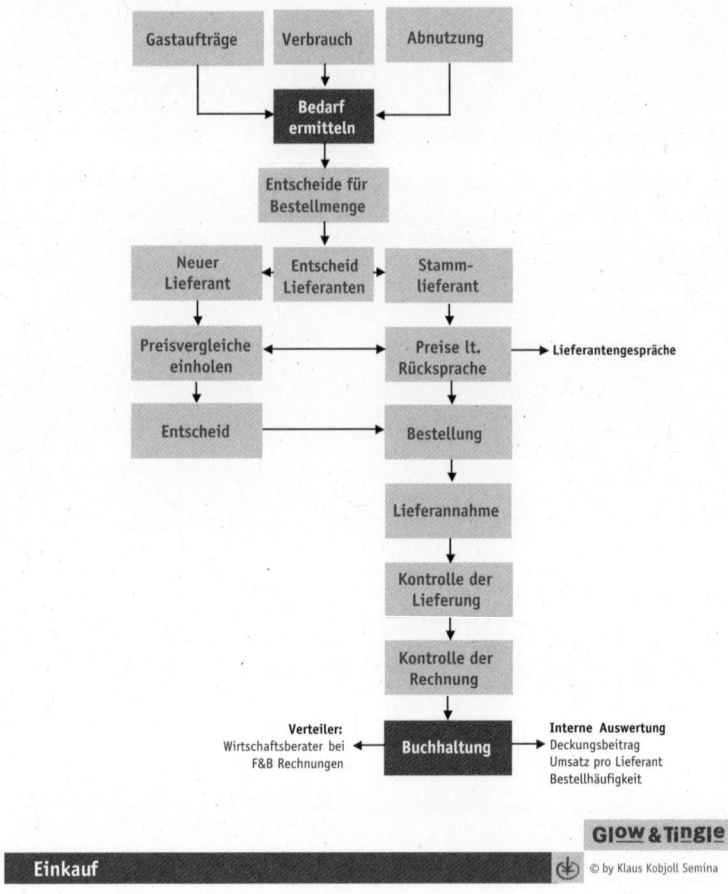

GlOW & TiNglE

Eine wesentliche Zertifizierung, die zur ISO gehört, ist das Umwelt-audit. Die erste große Zertifizierung nach der ISO 9001 haben neun Mitarbeiter im Schindlerhof in fünfeinhalb Monaten in ihrer Freizeit gemacht. Sie opferten 2150 Stunden, und dafür gab es zur Belohnung vier Tage im Ritz Carlton in New York. Die zweite kleinere Umweltzertifizierung brachten sechs Lehrlinge in ihrer Freizeit in zehn Wochen über die Bühne. Ohne einen externen Berater. Sie bekamen zur Belohnung drei Tage St. Moritz mit einem Seminar über Whiskey und Zigarren und Snowboarden auf der Corviglia.

Die Lehrlinge legten zum Beispiel fest, dass die Bereitstellungstemperatur beim Bade- und Duschwasser nur bei 55 °C liegen soll: energiesparender Bereich! Oder dass alle Botengänge im Ort zu Fuß erledigt werden. Stellen Sie sich mal vor, wenn ich als Chef so etwas sagen würde: «Ihr müsst alles zu Fuß machen.» Da würden sie sagen, der Alte spinnt!

Wenn es die Mitarbeiter selber wollen, dann unterstützen sie es. Ein Mitarbeiter unterstützt nur das, woran er selbst beteiligt ist. Man kann so etwas nicht zukaufen; man muss es die Mitarbeiter selbst erarbeiten lassen.

Dann haben die Lehrlinge an alle Wasserhähne Schilder angebracht. Da steht drauf: «Achtung, Wasser ist kostbar, bitte sparsam damit umgehen!» An alle Kopierer im Haus wurden Schilder angebracht: «Wenn möglich, interne Kopien beidseitig kopieren.» Vergessen Sie nicht: Kleinvieh macht auch Mist!

Ich kann meine Gewinne steigern – ohne Veränderung der Kalkulation, und das sind einige wunderbare Beispiele –, indem ich einfach schaue, wo ich Sand aus dem Getriebe nehmen kann.

Vorteile der ISO sind: Wir haben alle betrieblichen Vorgänge schriftlich erfasst. Wir haben eine große Transparenz bei den Abläufen erreicht. Und: Wir haben klare Grundsätze. Seit 1995 kann kein Lehrling im Schindlerhof mehr sagen: «Ich habe das nicht gewusst», oder: «Frau Meier hat es mir aber ganz anders erklärt.»

Er kann sagen: «Ich habe im Einführungsseminar gepennt» oder: «Ich habe meinen Ordner mit den Verfahrensbeschreibungen noch nicht studiert.» Aber er kann nicht sagen: «Ich habe es nicht gewusst.»

Daneben ist der Ordner auch eine große Hilfe bei der Einarbeitung neuer Mitarbeiter. In der ISO-losen Zeit, also vor der Zertifizierung, wenn bei mir drei neue Lehrlinge anfingen und vielleicht gleichzeitig noch ein Profi, dann war das wie ein Tohuwabohu. Keiner wusste mehr, wo es lang ging; man musste sich um alles doppelt kümmern. Jetzt ist es anders. Soeben haben zwölf neue Lehrlinge angefangen. Ihnen sind in den Bereichen, in denen sie eingesetzt sind, die ersten fünf oder sechs Verfahrensbeschreibungen erklärt worden; sie haben den Ordner mit nach Hause genommen und haben ihn studiert. Diese schriftliche Fixierung ist für mich der zweite große Vorteil. Vor allem Firmen mit hoher Fluktuation oder mit schnellem Wachstum können von diesem «gespeicherten Wissen» gut profitieren. Je stabiler und sicherer Fundament und Wände, desto freier und lockerer bewegen sich Ihre Mitarbeiter. Und wie wir ja wissen, hat jede Medaille zwei Seiten: Die Kehrseite der ISO kommt von Reinhard Sprenger: «Wer das Unternehmen idiotensicher machen will, der bekommt auch nur Idioten.»

Ich kenne eine Verfahrensbeschreibung, da steht drin: «Papierkörbe im Außenbereich dürfen nur zu zwei Dritteln gefüllt sein.» Jetzt stellen Sie sich mal vor: Der Hausmeister geht alle halbe Stunde mal vorbei und sagt: «Ach, fehlen ja noch zwei Zentimeter, Ich rauche lieber noch eine Zigarette.»

Wir hatten vor zehn Jahren im Winter in manchen Bereichen noch Trockenblumen, und dazu gab es eine Verfahrensbeschreibung «Pflege von Trockenblumen». Da stand dann drin, dass sie nicht gegossen werden müssten. Daneben stand: «Sie dürfen nicht zu dicht neben einer Kerze stehen.» Und dann stand noch dabei, wo der nächste Feuerlöscher hängt. Für so etwas reicht eigentlich der gesunde Menschenverstand aus, das muss man nicht auch noch beschreiben.

Die wichtigste Kommunikation bei der ISO ist für mich, dass ich den Mitarbeitern klarmachen kann: Alle Beschreibungen sind dazu da, durchbrochen zu werden, es darf nur etwas nicht verletzt werden – und das ist die Herzlichkeit!

Wenn beispielsweise beschrieben wird, dass das Telefon nur drei-

mal klingeln dürfe und Vorrang vor anwesenden
am Freitag früh wollen zwölf Gäste gleichzeiti
dann klingelt es plötzlich, und das Mädchen h;
tun, als zuerst ans Telefon zu gehen –, dann
pleite.

Dann lässt sie es halt klingeln. Sie würde näm.... ⌐ ⌐
bot der Herzlichkeit verstoßen. Regeln sind dazu da, durchbrochen
zu werden, wenn es die Herzlichkeit oder der gesunde Menschenverstand erfordern. Es ist ganz wichtig, dass Sie das kommunizieren.

Kernprozess Innovation

Im Rahmen des Kernprozesses Innovation ist der erste Punkt «Messebesuche». Da sind als Allererstes Fachmessen zu nennen, aber auch andere Special-Interest-Messen.

Der nächste Punkt sind Fachzeitschriften. Wir haben bestimmt 20 Fachzeitschriften abonniert. Sie durchlaufen die Postfächer von allen Mitarbeitern, Profis und Azubis, so dass jeder immer up to date ist, was sich so Neues auf dem Markt tut. In diesem Zusammenhang sind die Special-Interest-Magazine außerordentlich wichtig, schon deshalb, um zu wissen, was denn eigentlich der Kunde so liest. Und last, not least: Auch die Bücher spielen eine Rolle.

Ein Beispiel ist das Buch «Die 10 Haupttrends der aus den USA kommenden Wirtschaftsrevolution» von Karl Pilsl. In ihm steht: «E-Commerce ist kein technologisches Spiel. Es ist eine Beziehung, eine Partnerschaft, ein organisationelles und kommunikatives Spiel – zum Führen von Kunden –, das durch die neuen Technologien möglich gemacht wurde.»

Wir haben lange rumexperimentiert, wie wir dieses Instrument auf unsere Weise nutzen können.

Zur Innovation gehört natürlich auch die Kundenabfrage: Was will der Kunde? Hier sind natürlich unsere Smiley-Kärtchen eine Hilfestellung. Auf der Rückseite gibt es die Frage: «Was ist denn Ihr Kommentar? Was können wir besser machen?» Wir holen dadurch die Gästemeinung ein, die dann in den Kernprozess Innovation mit einfließt.

Innovationsprozeß

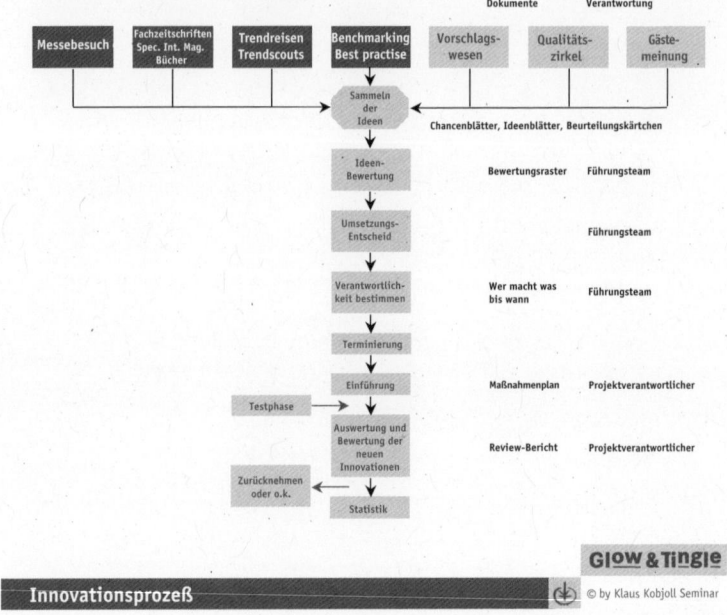

Wir fragen recht konkret. Auf der Vorderseite fragen wir: «Wie hat es Ihnen gefallen? Wie war die Qualität der Speisen?»

Aber wir fragen auch nach der Adresse und besonders nach der E-Mail-Adresse und ob E-Mail-Kontakt erwünscht ist oder nicht, ob uns der Gast die Erlaubnis gibt, ob wir ihn auch kontaktieren dürfen.

Wir haben uns ein Customer-Relationship-Management-Tool mit dem Namen MOHRITZ entwickeln lassen. MOHRITZ deshalb, weil da das «Ohr am Kunden» mit im Wort ist. Das ist ja das Ziel, dass man das Ohr am Kunden hat. Das Tool ist zum einen intern und zum anderen extern nutzbar.

Intern bedeutet, dass wir uns merken, dass ein bestimmter Kunde seinen Kaffee immer mit einem Löffel Zucker bekommt; we. er Cappuccino bestellt, möchte er den zweiten Cappuccino automatisch immer koffeinfrei haben, und er möchte die Tagesschau und die Sportschau immer auf einem Großbildschirm sehen. Daher ist sein Lieblingszimmer mit einem großen Fernseher ausgestattet.

Wir haben ja sehr viele, tausende von Stammkunden. In einer Familie fällt es leicht, sich zu merken, dass die Mutter Vegetarierin ist – aber in so einem großen Unternehmen ist es doch schwierig.

Und alle diese Informationen füttern wir in dieses CRM-Tool, alles kann man dann nachlesen. Die Mitarbeiter greifen zehn Minuten vor Arbeitsbeginn auf dieses Tool zu und sehen nach, wer denn heute Gast in ihrem Leistungsbereich ist. Sie erfahren so, worauf sie sich einstellen können. Dank einem eingespeicherten Bild weiß auch ein Azubi im ersten Lehrjahr, wie Herr Müller aussieht, der gerne mit Handschlag begrüßt werden will.

Extern nutzen wir das Tool, indem wir Mailings verschicken und die Kunden individualisiert ansprechen können. Es gibt ja nichts Schlimmeres als einen Flyer zum Seminarthema Whiskey mit Zigarren, wenn man ihn an einen Nichtraucher und einen Antialkoholiker schickt. Dann geht der Schuss extrem nach hinten los.

Dank des Tools können wir genau die Kunden ansprechen, die für ein Golf-Arrangement ansprechbar sind, oder Kunden, die Spaß an guten Weinen haben, wenn man wieder eine Wein-Degustation arrangiert.

Das Tool haben wir zum allererstenmal in Zusammenhang mit dem Muttertag ausprobiert. Wenn man auf herkömmliche Art so einen Tag verkaufen will, macht man einen Flyer, muss den Schaukasten gestalten und setzt das Thema ins Internet – es ist also mit einem riesigen Aufwand verbunden.

Wir organisierten ein Probemailing – und am Abend waren wir bereits ausgebucht. Der Kunde kann sich direkt anmelden oder anklicken: «Bitte kontaktieren Sie mich, ich brauch noch ein paar mehr Informationen dazu.»

sich dafür interessieren: Auf *www.kobjoll.de* gibt es
rsion. Hinter dem Tool steckt Dr. Marcel Setzer von
, Nürnberg.

n nächsten Punkt im Innovationsprozess: Trend-Rei-
ro Jahr fahren wir nach London oder in eine andere
europäische Hauptstadt, wobei London jetzt in unserer Branche
wirklich die Trend-Hauptstadt Nummer eins ist. Alle zwei bis drei
Jahre geht es nach Asien und in die USA. Bei jeder Trend-Reise haben wir das Ziel, mit mindestens einer Idee nach Hause zu kommen – am besten mit zwei oder drei Ideen, die man auch tatsächlich
umsetzen kann.

Zurück zum Innovationsprozess mit dem Punkt *benchmark*.
benchmark bedeutet ja nichts anderes, als sich zu vergleichen und
das möglichst mit den Besten. Da gibt es einerseits *benchmarks*
innerhalb der Branche, wo man zum Beispiel die Kostenstrukturen
oder die Fluktuationsrate vergleichen kann. Es gibt aber auch *benchmarks* außerhalb der Branche, die wichtig sind. Beispiel: Kranktage
pro Mitarbeiter.

Vor drei Jahren standen wir im Vergleich zum Branchendurch-
schnitt verdammt gut da. Damals war der Durchschnitt elf oder
zwölf Tage pro Mitarbeiter Krankenstand im Jahr, und wir hatten,
glaube ich, so in etwa fünf oder sechs Tage. Jetzt könnte man sich
ganz gemütlich zurücklegen und das klasse finden. Wir haben dann
aber die *best-practice-benchmark* gesucht und herausgefunden, dass
eine internationale Uhrenfirma mit einem Tag Krankenstand pro
Mitarbeiter und Jahr auskommt.

Das ist verdammt gut! Um Gottes willen, wie schaffen sie das?

Sie waren so freundlich und haben es uns erzählt: «Wir machen
das ganz einfach so: Wir machen Mitarbeiter-Rückkehrgespräche
nach der Krankheit. Also nicht bei Krankenhausaufenthalten oder
so und auch nicht bei Berufsunfällen, aber bei den Krankheiten, die
bei Azubis einen Tag vor Prüfungen auftauchen, die auftauchen,
wenn man einen Freiwunsch nicht erfüllen kann. Wir setzten uns

mit dem Mitarbeiter bei einer Tasse Kaffee zusammen und fragten, woran es denn gelegen hat.» Das haben wir dann beim Schindlerhof auch sofort eingeführt und konnten die Krankentage wieder um einen Tag senken.

Das interne *benchmarking*: Da ist an erster Stelle das Vorschlagswesen zu nennen. Um das zu realisieren, haben wir ein Formular, das jeder Mitarbeiter überall im Haus finden kann. Das ist unser Ideenblatt.

Und es gibt wie überall im Schindlerhof auch dazu bestimmte Spielregeln. Jeder Mitarbeiter ist aufgefordert, mindestens einmal im Monat ein Ideenblatt abzugeben.

Und wenn er das nicht tut, ist er gesperrt für Gehaltserhöhungen und Beförderungen.

Jetzt fragen sich vielleicht viele: «Das passt doch gar nicht in Ihr Konzept, dass man das Ideenblatt zur Pflicht macht – ich denke, es ist doch alles so locker.» Aber denken wir einmal anders: Der Mensch ist ein Gewohnheitstier. Man gewöhnt sich einfach schnell an widrige Umstände. Wenn man die Leute nicht zwingt, einmal im Monat den Leistungsbereich akribisch anzuschauen, dann kann man sich nicht verbessern. Dadurch haben wir eine sehr, sehr gute Umsetzungsquote erzielt.

Im letzten Jahr hatten wir 700 Ideenblätter von den Mitarbeitern mit einer Umsetzungsquote in Höhe von 81 Prozent bekommen. Das sind fast schon japanische Verhältnisse. Es hilft auch, dass die Unternehmensführung selbst genauso in die Regel involviert ist. Also auch Renate, Nicole und ich, wir sind verpflichtet, unser Ideenblatt einmal im Monat abzugeben.

Und eine ganz wichtige Regel bei den Ideenblättern ist die, dass der Mitarbeiter, der die Idee bringt, auch für die Umsetzung verantwortlich ist. Entweder macht er es gleich selbst, oder er sucht auch jemanden zur Hilfe, beispielsweise eine Projektgruppe, die dann ins Leben gerufen wird.

Eine andere Quelle für Ideen ist unsere Manöverkritik. Wir füh-

ren sie zwei Mal zu je zehn Minuten am Tag durch – einmal am Anfang des Tages, wenn die Mitarbeiter sich unterhalten, um sich auf
den Tag einzustimmen, und einmal am Ende des Tages: Was ist
schief gegangen? Was können wir beim nächsten Mal verbessern?

Und *last, not least,* der letzte Punkt im Innovationsprozess ist das
akribische Erfassen der Gästemeinung. Wir haben dafür insgesamt
drei Instrumente. Zum ersten die good old Smiley-Kärtchen, die ich
schon vorgestellt habe (in Verbindung mit MOHRITZ). Dann führen wir Zufriedenheitsgespräche nach dem Zufallsprinzip: Wenn
ein Kunde an der Rezeption auscheckt und sich ein Taxi bestellt,
muss er ja notgedrungen noch ein paar Minuten warten, bis das Taxi
vor der Tür steht. Wenn wir Zeit haben, fragen wir ihn, ob wir ihn
auf einen Kaffee einladen dürfen. Wir stellen ihm dann fünf, sechs
oder sieben Fragen, die uns speziell interessieren. Da ist es wichtig,
dass man nicht mit einem Papier vor dem Kunden steht, sondern
die Fragen im Hinterkopf präsent hat. Man bemüht sich um ein
ganz offenes Gespräch und gibt es dann hinterher schnell in den
Computer ein.

Die wichtigste Quelle ist für uns jedoch die Stammkunden-Be-
fragung. Unsere Stammkunden kennen den Laden ja teilweise genau so gut wie wir, aber sie haben den Vorteil, dass sie nicht so verliebt in ihn sind, und sie bringen einem dann wirklich die
allerbesten Ideen.

Im letzten Jahr haben wir eine ganz tolle Idee von einem Stammkunden bekommen. Er hat gesagt: «Ich wohne gerne bei euch? Das
Einzige, was mich stört, ist, dass ich immer nur diese minikleinen
Weinfläschchen in der Minibar vorfinde. Die haben keine besonders gute Qualität. Ich fände es toll, wenn in meinem Lieblingszimmer eine richtige Weinbar stünde, wo ich mich bedienen und
mir am Abend ein schönes Rotweinchen aussuchen kann, damit ich
mich richtig entspannen kann.»

Das haben wir umgesetzt. Als der Gast das nächste Mal kam,
hatten wir ihm einfach eine Weinbar ins Zimmer gestellt, ohne gro-

ßen Aufwand. Und er hat sie auch tatsächlich genutzt. Wir haben sie dann natürlich stehen lassen und geschaut, ob andere Gäste auch diese Weine trinken. Und wider Erwarten – wir waren sehr skeptisch – nutzten auch andere Gäste dieses Angebot. Daraufhin haben wir das Angebot erweitert und das ehemalige «Gärtnerhaus», in dem zehn Hotelzimmer sind, komplett zum «Weinhaus» gemacht.

Unser Ziel ist es, ganz individuelle Zimmer zu haben. Wir bemühen uns, pro Jahr immer zwei bis fünf Zimmer komplett zu renovieren und neu zu gestalten. Ein Beispiel ist das «Mini-Cooper-Cabriolet-Zimmer».

Es ist wichtig zu wissen, dass es keinen Trend ohne Gegentrend gibt. Wer jeden Trend mitmacht, der verliert seinen Charakter. Stile dürfen sich ändern, aber der Charakter niemals. Dieser ist in den Wurzeln des Unternehmens fest verankert. Also nehmen Sie nur die Trends auf, die für Sie Rückenwind bewirken, und lassen Sie die anderen ziehen.

Politik und Strategie

«Eine strategische Vision ist ein klares Bild von dem, was man erreichen will. Und jede strategische Planung ist wertlos, es sei denn, Sie haben vorher eine strategische Vision», sagt John Naisbitt.

Das lässt sich wunderbar anhand eines Bildes von einem Schiff auf dem Meer und einem Hafen visualisieren. Jeder Jahreszielplan ist für die Katz. Jeder Jahreszielplan bedeutet lediglich zwölf Seemeilen in irgendeine Richtung, die wertlos ist, wenn sie nicht abgeleitet ist von irgendeiner strategischen Vision. Ich muss eben meinen Hafen, mein Endziel, mein langfristiges Ziel, mein übergeordnetes Unternehmensziel im Vorhinein festlegen.

John F. Kennedy hat vor 35 Jahren etwas Ähnliches gesagt: «In einem Unternehmen ist zunächst immer das visionäre Grand Design gefragt.» Damit meint er, dass es nicht auf diese Korinthenackerei ankommt, die gang und gäbe ist («Wie wird sich der Cashflow in den nächsten sechs Monaten entwickeln?»). Das ist ein untergeordnetes Ziel. Wir beschäftigen uns jetzt auf der obersten Hierarchieebene der Ziele.

Familienunternehmen haben es bei der Entwicklung einer strategischen Vision wesentlich leichter als Konzerne, weil Klein- und mittelgroße Unternehmen die Sinn-Vision der eigenen Familie als Grundlage für die Werte nehmen. Das ist in einem inhabergeführten Familienunternehmen immer so. Und dazu kann man viele Fragen beantworten, um erst einmal an die persönliche Sinn-Vision zu kommen. Die drei wichtigsten sind:

- Was ist die Hauptsache in unserem Leben?
- Wofür sind wir bereit, Schweres zu erdulden?
- Was ist das tiefste Bedürfnis unseres Herzens?

Ich kann diese Fragen aus meiner Geschichte beantworten: Mein Vater war Flüchtling aus Ostpreußen, den es nach dem Zweiten Weltkrieg nach Bayern verschlagen hatte. Wir waren fünf Kinder. Bei dieser großen Familie hat mein Vater den Hintern nicht mehr hochgebracht. Ich war der Älteste, ich musste in allen Schulferien arbeiten.

Das tiefste Bedürfnis meines Herzens ist es, eine neue kleine Familiendynastie zu begründen, Spuren zu hinterlassen, so dass es nach mir mit dem Familienunternehmen weitergeht. Für mich ist ein langfristiges Ziel 100-jährig. Für mich ist niemand ein Unternehmer, der in Zeiträumen von 20 bis 30 Jahren denkt. Für ein Familienunternehmen wird in Generationen gedacht.

Was ist die Hauptsache in Ihrem Leben? Wenn Sie sich darüber im Klaren sind, lassen sich dann diese Werte wunderbar für das Familienunternehmen ableiten.

Ich zeige Ihnen jetzt, wie wir vorgegangen sind. Wir waren alle zunächst beim SchmidtColleg, Seminar «UnternehmerEnergie», ein Seminar besucht. Man macht sich dort einen ganzen Tag über persönliche Ziele, Lebensziele, Gedanken. Wir haben noch eines draufgesetzt und das Seminar «Überwinden eigener Grenzen» bei Professor Peter Warschawski (Veranstalter ist das ZFU in Zürich) besucht. Für mich war es das «Gelbe vom Ei» in Sachen Visionsfindung.

Alle unsere Führungskräfte waren auch dort, zwei haben direkt nach dem Seminar gekündigt ... Sie haben gesagt: «Vielen Dank für das tolle Seminar, jetzt weiß ich wenigstens, was ich will. Ich mache mich auch selbstständig!» Das kann natürlich passieren. Aber Sie finden mit einem solchen Seminar heraus: Was ist wirklich das tiefste Bedürfnis Ihres Herzens?»

Wie Sie es herausfinden, ob Sie es alleine schaffen, ob Sie ein

Persönliche Sinn-Vision
Renate, Nicole & Klaus Kobjoll

Freude
Freiheit
Harmonie

daraus abgeleitete Werte:
- freizeitähnliche Arbeit (Lust statt Last)
- kein Hierarchieverhalten
- höchste Entscheidungsspielräume
- Übernahme von Verantwortung
- Fehlerfreudigkeit (no risk no fun)
- Freundschaftlicher, liebevoller Umgang miteinander

«Mission Statement = Leitbild» kommunizieren
«zum Leben bringen ...»

= Modell der Selbstorganisation

 Glow & Tingle

Sinn-Vision   © by Klaus Kobjoll Seminar

Einzelcoaching in Anspruch nehmen, oder ob Sie ein Seminar besuchen, das ist grundsätzlich egal.

Bei uns, den Kobjolls, ist folgendes rausgekommen: Was ist die Hauptsache in unserm Leben? Erst einmal Freude, das ist die Sinn-Vision. Ich habe in meinem ganzen Leben noch nicht gearbeitet. Ich weiß gar nicht, was das ist. Ich habe immer nur gespielt. Ich kann mit Leuten nichts anfangen, die immer auf die Uhr schauen und sagen: «Noch eine Stunde, dann kann ich endlich gehen!» Bei mir ist es immer umgekehrt. Da ist es so, dass ich sage: «Um Gottes willen, ich wollte doch heute schon um acht gehen, und dabei ist schon wieder neun!»

Freude. Wir sind alle auf der Welt, um glücklich zu sein. Keiner von uns weiß hundertprozentig, ob es ein Leben nach dem Tod gibt – aber es müsste sich doch herumgesprochen haben, dass es vorher eines gibt. Das kann doch jeder so gestalten, wie er möchte. Sie sind Architekt Ihres Lebens!

Das zweite Wesentliche spielt bei meiner Frau nicht die ganz große Rolle, aber bei meiner Tochter und bei mir: *Freiheit!*

Ich wäre lieber Schuhputzer in Rio – selbstständig – als Bankdirektor in Deutschland. Ich meine das ernst; der arme Kerl braucht bei jedem Scheck eine Unterschrift und bei jedem Brief noch eine zweite. Man arbeitet dort nach dem Misstrauensprinzip der vier Augen.

Aber ich entscheide in Rio immer ganz allein, ob ich erst die braune oder erst die schwarze Schuhcreme aufmache.

Das ist keine Wertung, sondern eine subjektive Einschätzung von Freiheit. Es ist immer ein Ideal, dem man nachstreben kann, ein Ideal, dass man nie zu 100 Prozent hat, aber eine der Hauptsachen unserem Leben.

Und bei meiner Frau ist es vor allem das Streben nach Harmonie. Sie ist viel belastbarer als ich – aber wehe, wir haben Knatsch und das Betriebsklima hängt schief, dann würde sie sofort aus ihrer Mitte fallen.

Ich habe es bewusst so provokativ geschildert, um klarzumachen: Sie können nie eine persönliche Sinn-Vision anderen Menschen überstülpen. Sie können aber daraus Werte ableiten, die Sie einfach in den Raum stellen und die dann polarisieren.

Dann gibt es Mitarbeiter, die fühlen sich von den Werten angezogen, und andere fühlen sich abgestoßen. Für die, die sich angezogen fühlen, ist die Werteverwirklichung Sinnerfüllung. Jetzt schließt sich der Kreis wieder. Es gibt keine gemeinsame Sinn-Vision, aber Werteverwirklichung kann Sinnerfüllung sein, wenn ich mithelfe, einen Wert zu verwirklichen, den ich auch selber gut finde.

Jetzt muss man nur noch hergehen und aus dieser persönlichen Sinn-Vision Werte ableiten.

Also Freude wird zum Wert der freizeitähnlichen Arbeit.

Lust statt Last – das ist nur ein kleiner Buchstabe Unterschied, aber der macht den ganzen Unterschied aus. Freude haben heißt kein Hierarchieverhalten und möglichst wenig Privilegien für Führungskräfte. Freiheit wird zum Wert der höchsten Entscheidungsspielräume, bedeutet aber auch Übernahme von Verantwortung!

Und das ist ein ebenso wichtiges wie dynamisches Feld. Entscheiden wollen alle, aber die Verantwortung für die Entscheidungen übernehmen wollen gar nicht mehr so viele.

Und Freiheit heißt immer auch Fehlerfreudigkeit. Wir haben wörtlich im Leitbild stehen: «No Risk, no Fun.» Aber wir machen klar, dass hier nicht Fehlerhäufigkeit gemeint ist. Wenn jemand immer die gleichen Fehler macht, ist er entweder zu dumm für den Job, oder seine Identifikation mit dem Unternehmen hält sich in sehr engen Grenzen. In beiden Fällen ist er im falschen Laden!

Aber wenn jemand den Mut hat, etwas Neues auszuprobieren, was dann vielleicht in die Hosen geht, muss man sich eigentlich bei dem bedanken. Unternehmer sein heißt Fehler machen, sonst wären wir ja Unterlasser. Und Harmonie wird zum Wert: «Wir gehen immer liebevoll und freundschaftlich miteinander um!»

Das ist natürlich etwas, was ich von den vielen Frauen hier gelernt habe, wir haben rund 80 Prozent Frauen in der Führung. Meine Erfahrung: Frauen sind in der Sache viel härter, als Männer je sein können. Aber sie rutschen nicht ins Persönliche. Sie bleiben immer liebevoll und verbindlich im persönlichen Bereich. Es wird nie eine Person kritisiert, sondern nur deren Verhalten. Das kann man gar nicht so leicht auseinander halten. Also ich bin der Meinung, Frauen können das in der Regel besser – zumindest als ich.

Meine lächerliche Aufgabe war jetzt nur noch – das Ganze zusammen mit anderen Zutaten angereichert –, in einem Leitbild zunächst zu Papier zu bringen, an die Wand zu hängen, es zu kommunizieren, und das geht noch relativ schnell.

Die Hauptarbeit besteht immer darin, das Leitbild zum Leben zu erwecken. Zunächst ist es ja nur bedrucktes Papier. Zunächst ist es nur Design, das auf eine abstrakte Ebene, auf die Herzensebene, transferiert werden muss. Ich muss es zum Schwingen bringen und es zu erlebbarer Unternehmenskultur werden lassen. Und das kann wiederum ein paar Jahre dauern, je nach Größe Ihrer Organisation. Und wenn Sie es dann geschafft haben, haben Sie ein Modell der Selbstorganisation. Jetzt ist der Chef so überflüssig wie ein Kropf.

Ich mache Sie noch ein bisserl wütend: Meine Frau und ich wohnen 20 Kilometer vom Schindlerhof entfernt. Wir wurden in 21 Jahren zweimal privat angerufen. Einmal hat es hier gebrannt, da hat die Mitarbeiterin gesagt: «Entschuldigung, die Feuerwehr ist schon da, vielleicht wollen Sie auch mal vorbeikommen...?!»

Wir machen immer zwei, eher drei Monate Urlaub pro Jahr, immer einen ganzen Monat am Stück. Wir sind jetzt 37 Jahre selbstständig, das steht uns zu, wir müssen ja irgendwann auch mal die Nutzenernte einfahren. Und ich bin wahrscheinlich einer der letzten Menschen auf dieser Welt, die kein Handy haben.

Wie definieren Sie Luxus? Ich definiere Luxus dadurch, dass ich nicht erreichbar bin! Und ich habe Mitleid mit denjenigen, die rechts und links am Gürtel so einen Schweinetreiber haben. Einmal zucken sie links, einmal zucken sie rechts; sie müssen unheimlich wichtig sein. Es gibt zwei Gründe fürs Handy, und die sind völlig einsehbar: Wenn Sie frisch verliebt sind und wenn Sie Notarzt sind, dann brauchen Sie es. Aber ich glaube ich bin im Moment weder noch. Warum soll ich also Tag und Nacht erreichbar sein? Das sind doch arme Tröpfe!

Es ist ein wunderbares Gefühl, wenn Sie sich ausklinken können, und Ihr Unternehmen läuft trotzdem weiter! Das ist das Modell der Selbstorganisation. Ein langer Weg! Es ist mir klar, dass das riskant ist, wenn man alles auf 1,5 Tage zusammenstaucht, was man vorher 20 Jahre lang auf der heißen Herdplatte langsam entwickelt hat.

Vielleicht kennen Sie das Zitat von Antoine de Saint-Exupéry aus seinem Buch «Die Stadt in der Wüste»: «Willst du ein Schiff bauen, dann rufe nicht Menschen zusammen, um Pläne zu machen und Arbeit zu verteilen, Werkzeug zu holen, Holz zu schlagen, das ist alles nicht nötig. Sondern lehre sie die Sehnsucht nach dem großen endlosen Meer.» Die Menschen bauen das Schiff schon alleine, die sind ja nicht blöd. Jetzt hat aber keiner von uns Schiffe zu bauen, aber das Zitat zeigt in die Richtung: Ich muss meine Mitarbeiter die Sehnsucht nach freizeitähnlicher Arbeit lehren, mit höchsten Entscheidungsspielräumen in einem Team, das sich freundschaftlich verbunden ist.

Und mit diesem einen Satz ist der Schindlerhof mental verankert im Mitarbeitermarkt der Hotellerie – von Berlin bis Meran.

Es reicht heute nicht mehr, ein Unternehmen auf den Kundenmarkt auszurichten, das war das Marketing der Sechziger- oder Siebzigerjahre. Sie müssen heute ein Unternehmen auf alle Märkte ausrichten, auf den Beschaffungsmarkt, auf den Finanzmarkt, auf den Mitarbeitermarkt und natürlich nach wie vor auf den Kundenmarkt. Wenn ich nur auf den Kundenmarkt ausrichte und habe eben nicht die besten Mitarbeiter, dann laufen mir die Kunden wieder davon. Wenn ich den Beschaffungsmarkt vernachlässige und habe dann schlechte Produkte, dann nützen mir die besten Mitarbeiter nichts. Wenn ich den Finanzmarkt vernachlässige und die Beziehungen mit der Bank nicht pflege, und ich erhalte kein Geld für die Expansion, dann ist es eben auch dumm gelaufen. Gewöhnen wir uns also den Plural an: Ein Unternehmen auf *die Märkte* ausrichten!

Wie sind Sie mental verankert? Oder anders ausgedrückt: Gelten Sie mit Ihrem Unternehmen als Attraktion im Mitarbeitermarkt?

Wenn Sie sich eine Abiturklasse in der großen Pause vorstellen, und einer sagt beim Cola-Nuckeln zu seinen Kollegen: «Hört mal kurz her, heute kam die Zusage beim Friseur XY, oder im Landgasthof Sowieso…» Was sagen denn da die anderen Abiturienten? Da ist mal Totenstille, und dann sagen sie: «Wow, wie hast du das geschafft?» Oder sie fragen: «Hast du so schlechte Noten?» Und jetzt stellen Sie sich die gleiche Situation vor: «Ich habe heute die Zusage gekriegt – Pilotenausbildung bei der Lufthansa.» Da ist wahrscheinlich erst einmal zwei Minuten Totenstille im Pausenhof. Es kommt also darauf an, eine Attraktion im Mitarbeitermarkt zu sein. Und das gilt für jede Branche, in der Gastronomie genau so wie im Friseurhandwerk!

Allerdings müssen Sie aufpassen, wie Sie kollektives Bewusstsein aufbauen wollen. Sie können kollektives Bewusstsein schaffen, indem Sie Menschen gleichschalten. Das machen die Großunternehmen vor, und man sieht den Dingen an, dass sie vom Militär kommen. Man kann auf vielen Firmenparkplätzen schon vom Parkplatz her ablesen: dunkelgrauer Baby-Benz, 2,3 Liter, 16 Ventile, Hauptabteilungsleiter, Büro mit Gummibaum, ohne Ölbild, 16. Stock oder 14. Stock, also obere Etage; daraus können Sie auf den Titel schließen. Es funktioniert, aber es reizt junge Leute lediglich zum Lachen. Und was Frauen von dieser militärischen Vorgehensweise halten, das ist noch ein Thema für sich. Es gibt ja Großunternehmen, die sprechen noch von Divisionen. Das ist wirklich wie im Krieg.

Dann gibt es eine zweite Möglichkeit, wie Sie Team-Spirit erzeugen (ich setze den Begriff in Klammern, weil ich nichts davon verstehe), indem Sie mit NLP arbeiten, mit dem Neurolinguistischen Programmieren: Menschen können sich auf eine gemeinsame Richtung einschwingen. Es ist umstritten, weil es viel missbraucht worden ist.

Und die dritte Möglichkeit habe ich erstmals bei Gerd Gerken in Worpswede vor über 20 Jahren gehört. Damals sagte er: «Menschen sind wie Steine: kantige, schrullige Persönlichkeiten. Und die Organisation hat gefälligst der Mörtel zu sein, der sich nach diesen Steinen richtet.»

Was ist damit gemeint? Sie können auch mit lauter Individualisten ein starkes kollektives Bewusstsein schaffen – und sie trotzdem so lassen, wie sie sind. Das deckt sich wunderbar mit den Erkenntnissen von Reinhard Sprenger, der ja mit Fredmund Malik zurzeit in Sachen Führung *State-of-the-art* ist. Sprenger sagt: «Alle Managementmethoden scheitern letztlich an nicht akzeptierter Individualität.»

Zurzeit suchen die Unternehmen nach unentdeckten Wertreserven. Viele haben nicht erkannt, dass die menschliche Individualität die größte Wertreserve überhaupt ist.

Was soll es also für einen Sinn ergeben, alle Leute gleichschalten zu wollen, alle in das gleiche Schema zu pressen, bei dem man schon von außen sieht, welcher Firma sie angehören? Das machen wir nicht. Und trotzdem wissen die Mitarbeiter, wo die Grenzen sind. Mitarbeiter brauchen Freiräume, um sich individuell entfalten zu können; aber wie das Wort schon sagt: Ein Freiraum ist auch ein Raum, und ein Raum hat auch Wände – also Grenzen. Unsere neuen Mitarbeiter, auch die Lehrlinge, müssen bereits in der Probezeit ein halbtägiges Seminar über die Schindlerhof-Philosophie besuchen.

Wir haben nur zwei Ziele in der Arbeit definiert: Das erste Ziel (siehe Sprenger, siehe Gerken): «So viel Individualität wie möglich zur Selbstentfaltung des Einzelnen.»

Schindlerhof

Die Ziele in der Arbeit im Schindlerhof

Soviel Individualität wie möglich (zur Selbstentfaltung)

Soviel Konformität wie nötig (zur Zielerreichung)

GLOW & TINGLE

Die Ziele in der Arbeit im Schindlerhof   © by Klaus Kobjoll Semina

Wir fördern aktiv die Individualität des Einzelnen. Daher haben wir auch keine Uniformen; selbst Schrullen und Vorlieben einzelner Mitarbeiter werden hier berücksichtigt. Sogar auf den Biorhythmus wird – wo es die Position zulässt – eingegangen. Ob jemand gern früh arbeitet oder lieber abends zur Höchstform aufläuft, versuchen wir mit einzubeziehen.

Aber auf der anderen Seite muss klar sein, wieviel Konformität zur Zielerreichung vorhanden sein muss. Und hier ist die Betriebswirtschaft der Maßstab: 31 Prozent GOP *(Gross Operating Profit)*, Bruttogewinn vor Kapitaldienst. Ich würde niemals einen Jahreszielplan unter 31 Prozent Bruttogewinn unterschreiben.

Bezogen auf die notwendige Konformität gilt dasselbe für alle Prozesse, die durch die ISO eine feste Form erfahren haben. Sie müssen nach den Vorgaben durchgeführt werden und nicht anders. An diesem Punkt bin ich überhaupt nicht fehlerfreudig. Da ist ein Fehler bereits ein Fehler zu viel. Mitarbeiter müssen wissen, wo sie arbeiten können, wie sie wollen und wo sie ganz alleine entscheiden können, und wo sich der Freiraum auch als Raum, also mit Grenzen definiert: bis hierher und nicht weiter.

Das Nächste, was ich Ihnen zeigen möchte – und das ist ja mein Anliegen in diesem Seminar –, ist, wie Sie mehr Freizeit bekommen und trotzdem mehr Gewinn haben.

Dabei müssen Sie sich über eine Voraussetzung im Klaren sein: Sie müssen richtig delegieren können. Sie wollen ja *am* Unternehmen arbeiten können anstatt *im* Unternehmen. Sie delegieren immer die Aufgabe. Wenn Sie etwas delegieren, vergessen Sie nie, die Verantwortung dazu zu delegieren! Denn wenn dann was schief läuft, dann merkt das ein Mitarbeiter auch bis in seinen Geldbeutel.

Bei der Delegation könnnen Sie Teilkompetenzen abgeben. Die Kompetenzen kann man in sechs Graden einteilen. Die schauen wir uns jetzt einmal an.

Kompetenzen delegieren in 6 Graden

1. Handeln Sie. Ein weiterer Kontakt mit mir ist nicht erforderlich.

2. Handeln Sie. Informieren Sie mich darüber, was Sie unternommen haben.

3. Sehen Sie sich die Sache an. Lassen Sie mich wissen, was Sie tun wollen. Tun Sie es, wenn ich keinen Einspruch erhebe (Veto-Kompetenz)

4. Sehen Sie sich die Sache an. Lassen Sie mich wissen, was Sie tun wollen. Handeln Sie nicht ohne mein Einverständnis (direkte Kompetenz).

5. Sehen Sie sich die Sache an. Machen Sie mir Vorschläge für das möglich Vorgehen, unter Angabe der Vor- und Nachteile jeder Alternative. Empfehlen Sie mir eine Alternative zur Genehmigung.

6. Sehen Sie sich die Sache an. Berichten Sie mir über alle Fakten. Ich werde dann entscheiden, was zu tun ist.

© by Klaus Kobjoll Seminar

Rund 10 Prozent vom allem, was im Schindlerhof abläuft, liegt unterhalb meiner Wahrnehmungsgrenze. Dann heißt es: «Handelt, ein weiterer Kontakt mit mir ist nicht erforderlich.»

Ich absolviere rund 160 Seminartage im Jahr, davon mehr als die Hälfte außer Haus. Ich bin nur zwei bis drei Tage pro Monat im Büro. Es wäre anmaßend zu verlangen, dass alles über meinen Schreibtisch läuft. Also: «Macht, was ihr wollt, ihr müsst mich auch nicht informieren, auch nicht hinterher.»

Ich kam letztes Jahr zu Arbeit – es war Mitte November – und habe meinen eigenen Hof nicht mehr wiedererkannt. Da war eine Weihnachtsdekoration aufgebaut worden; es sah aus wie auf dem Nürnberger Christkindlmarkt. Man hatte 20 bis 30 kleine Christbäume und Holzbuden dazwischen aufgestellt. Am Abend kamen

95

die Bauersfrauen aus dem Ort und haben Holzschmuck verkauft. Die ganze Organisation fand unterhalb meiner Wahrnehmungsgrenze statt. Natürlich gibt's ein Budget im Jahreszielplan für Dekorationen, und eine Arbeitsgruppe, die sich für die Weihnachtsdekoration eingeschrieben hatte, übernahm die ganze Sache verantwortlich. Und das war's.

80 Prozent von allem, was hier abläuft, ist Stufe 2. Und das heißt: «Macht, was ihr wollt, aber informiert mich hinterher darüber, was ihr gemacht habt.» Ich erhalte beispielsweise eine Kopie von einem Vertrag in mein Postfach gelegt, oder ich bekomme den Schriftverkehr in Kopie herübergemailt, so dass ich informiert bleibe.

Wir haben definiert, was eine Holschuld und was eine Bringschuld ist. Wenn eine Führungskraft beispielsweise für 20 000 Euro eine Maschine zum Besteckpolieren kauft, die am Tag fünf Polierstunden einspart – das ist schon mal geschehen –, muss man mich nicht fragen. Dann ist der Return on Investment klar. Aber ich erhalte eine Kopie von dem Vertrag in mein Fach gelegt. Und manches ist als Holschuld deklariert, das muss ich mir selber holen, wenn ich mich informieren will. Meine Führungskräfte treffen sich jeden Dienstag für eine Stunde, von 9 bis 10 Uhr 30 zum so genannten DIM, zum Dienstagsmeeting. Über die Entscheide dieses Dienstagsmeetings gibt es ein Endprotokoll. Das kann ich mir im Intranet anschauen, kann es aber auch bleiben lassen. Wenn ich es mir anschaue, dann ist es eh schon zu spät, denn die Entscheidungen sind gefallen. Aber ich schaue es mir an, um auf dem Laufenden zu bleiben: Was läuft denn so bei meinen Führungskräften ab?

Die dritte Möglichkeit nehme ich bei den nächsten 5 bis 10 Prozent im Jahr wahr, das ist meine rote Karte – Vetokompetenz. Das bedeutet: «Sehen Sie sich die Sache an. Lassen Sie mich wissen, was Sie tun wollen. Machen Sie es, wenn ich keinen Einspruch erhebe.»

Diese Regel können Sie natürlich noch weiter einschränken: «Sehen Sie sich die Sache an, lassen Sie mich wissen, was Sie tun wollen, handeln Sie nicht ohne mein Einverständnis.» Ich nenne das die direkte Kompetenz. Bei der gebe ich eigentlich nichts aus der Hand, sondern lasse mir nur zuarbeiten. Aber Achtung: Von jetzt ab wird es gefährlich. Wenn Sie nur so führen, haben Sie irgendwann keine Führungskräfte mehr, sondern geistige Krüppel. Ihr Leitungsteam darf immer nur die Vorarbeit machen, und der Alte entscheidet dann selbstherrlich genau das Gegenteil von dem, was vorbereitet ist.

Noch weiter eingeschränkt: «Sehen Sie sich die Sache an, machen Sie mir Vorschläge für das mögliche Vorgehen unter Angabe der möglichen Vor- und Nachteile jeder Alternative. Empfehlen Sie mir eine Alternative zur Genehmigung.»

Und schließlich die größte Einschränkung: «Sehen Sie sich die Sache an, berichten Sie mir über alle Fakten. Ich werde entscheiden, was zu tun ist.» – Das mache ich nur einmal im Jahr: Preispolitik. Ich bin der Überzeugung, dass in Klein- und Mittelunternehmen Preispolitik Chefsache ist. Ich erhalte natürlich Entscheidungsgrundlagen von meinem Führungsteam; ich schaue mir die Preise des alten Jahres an.

Und dann gibt es ein paar schlaflose Nächte. Ich bespreche das mit meiner Frau und mit meiner Tochter, und dann gibt es eine ganz einsame Entscheidung. So etwas gebe ich nicht aus der Hand.

Seien Sie sich also dessen bewusst, wie weit Sie die Kompetenzen delegieren wollen. Kann der Mitarbeiter in einem Juweliergeschäft bei einem Stammkunden bis 10 Prozent Nachlass geben, ja oder nein? Kann die Aushilfe, die vielleicht nur an einem langen Samstag vor Weihnachten da ist, bis zu einem gewissen Punkt allein entscheiden, weil Sie gerade in einem Kundengespräch sind? Steht ihr das dann zu? Oder muss sie bei jeder Kleinigkeit kommen und nachfragen? Das muss man einfach einmal festlegen, und dann haben sie es.

Jetzt zum Leitbild. Wer in seinem Unternehmen ein Leitbild hat, kann nachprüfen, ob in ihm zu jedem der folgenden fünf Bereiche ein oder zwei Sätze enthalten sind. Wenn etwas fehlt, spielt es überhaupt keine Rolle – nichts ist beständig, außer der Wandel –, dann wird es halt bei der nächsten Überarbeitung nachgeliefert. Wer noch kein Leitbild hat, kann sich auf Grund dieses Leitfadens eines erarbeiten.

Der erste Satz sollte den Unternehmenszweck angeben: Was ist der Zweck meines Unternehmens? Wir erinnern uns an eine anfangs gemachte Aussage: Es ist nie der Zweck eines Unternehmens, Gewinne zu machen. Gewinne zu machen ist eine Folge des Unternehmenszwecks.

Der Zweck einer Apotheke ist es, Patienten schnell und optimal mit nicht abgelaufenen Medikamenten zu beliefern. Der Zweck eines Versicherungsmaklers ist es, die optimalen Versicherungen für seinen Mandanten herauszufinden. Der Zweck der Steuerberatung ist es, den Mandanten an die Hand zu nehmen und ihn durch einen undurchsichtigen Steuerdschungel hindurchzuführen. Das ist der Zweck! Sie müssen es für sich selber einfach festlegen.

Der Zweck eines Friseurbetriebes ist es, einen kleinen Beitrag zu leisten, damit Menschen im Privat- und Berufsleben noch erfolgreicher sind, weil sie sich noch wohler in ihrer Haut fühlen – weil sie noch besser aussehen. Keiner von uns verkauft mehr Produkte. Der alte Revlon, der Kosmetikpapst, hat immer gesagt: «Wir produzieren zwar in der Fabrik Lippenstifte, aber wir verkaufen Hoffnung!» Denken Sie an Saint-Exupéry.

Das Nächste sind die ominösen Werte. Ich habe zu Beginn über die Werte gegenüber den Mitarbeitern gesprochen, aber das reicht ja nicht! Wir brauchen mehr Werte. Und jetzt wird es ganzheitlich: Wir brauchen Werte gegenüber der Umwelt und der Natur, Werte gegenüber unseren Lieferanten. Und natürlich auch Werte gegenüber den Kunden und schließlich bei großen Unternehmen Werte gegenüber den Shareholdern. Also gegenüber den Kapitalgebern.

Dritter Punkt im Wertekanon: Nachprüfbare Verhaltensprakti-ken. All diese Werte sind zunächst nur Worthülsen. Es gibt kaum ein Leitbild, in dem nicht die Worthülse drinstünde: «Bei uns steht der Kunde im Mittelpunkt.» Wahrscheinlich stört er deshalb so oft. Man darf solche Sätze natürlich ruhig hineinschreiben, aber das Wichtigste ist, dass die Werte Unterstützung durch nachprüfbare Verhaltenspraktiken bekommen, sozusagen Fleisch am Knochen des Werts.

Es gibt ein beeindruckendes Beispiel vom Modehaus Barneys in New York. Da steht sicherlich auch der Wert im Leitbild: «Die Kun-din steht im Mittelpunkt.» Und wie sieht die Verhaltensnorm aus? Sie können dort Schuhe umtauschen, die Sie bei Bloomingdales ge-kauft haben, also bei der Konkurrenz. Die Verkäuferin sagt: «Das macht überhaupt nichts, die können Sie trotzdem bei mir umtau-schen.» Wer so etwas macht, der kann auch ins Leitbild schreiben: «Der Kunde steht im Mittelpunkt.»

Ich habe die Worthülse im Leitbild: «Wir tragen Sorge für die Umwelt.» Aber unter den nachprüfbaren Verhaltenspraktiken steht: «Wir achten auf tiergerechte Erzeugung der Lebensmittel. Unsere Räume sind Lebensräume; sie werden ausschließlich mit natür-lichen Materialien gebaut», also werden Naturdämmstoffe verwen-det und keine Ölfarben, sondern Mineralfarben. Das meine ich mit dem Fleisch am Knochen des Werts.

Noch ein Tipp: Schreiben Sie nie in ein Leitbild: «Bei uns steht der Mensch im Mittelpunkt.» Das finde ich die größte Lüge; das ist noch mehr als eine Worthülse. Eigentlich müsste es heißen: «Der Mensch, der Leistung erzeugt, steht im Mittelpunkt.» Und das gilt für alle Stakeholder.

Können Sie einen Kunden in den Mittelpunkt stellen, der keine Leistung erzeugt? Der dreimal in der Woche in einer Fach-buchhandlung auftaucht, sich über alles Mögliche beraten lässt und am Schluss bei *ebay* kauft? Können Sie einen Lieferanten in den Mittelpunkt stellen, der nur Schrott liefert? Niemand kann einen Mitarbeiter in den Mittelpunkt stellen, der keine Leistung erzeugt.

Wenn Sie also schon so weit gehen, dass der Mensch im Mittelpunkt steht, dann bitte, wenn er Leistung erzeugt und nicht Hinz und Kunz.

Vierter Bereich: Erste grobe strategische Entscheidungen. Eine Strategie hat Leitplankenfunktion. Stellen Sie sich eine achtspurige Autobahn vor. Links und rechts befinden sich zwei stählerne Leitplanken. Wenn ich nicht auf der Spur bleibe, werde ich mir meine Kotflügel verbeulen. Das ist mit der Strategie nicht anders. Wenn Sie eine Strategie definieren, bewegen Sie sich innerhalb der vorgegebenen Leitplanken. Die Leitplanken sollten noch so weit auseinander stehen, dass die Strategie genügend Platz unter dem Dach des Unternehmens hat.

Aber nicht beliebig viel. Sie können nur zwei Fehler begehen: Sie können eine eierlegende Wollmilchsau konzipieen, also von jedem etwas.

Und der andere Fehler, den man machen kann, ist die Nischenfalle. Also wenn Sie zum Beispiel in einer 10 000-Einwohner-Stadt ein Fachgeschäft für Linkshänder einrichten, dann sind Sie wahrscheinlich in der Nischenfalle gelandet. Oder wenn Sie in den Alpen ein 5-Sterne-Hotel für Pfeife rauchende Vegetarier bauen wollen, dann ist wahrscheinlich die Zielgruppe auch ein wenig eng.

Wie weit die Leitplanken auseinander stehen dürfen, damit die Kernkompetenz noch klar erkenntlich ist und trotzdem nicht zu eng definiert wird, muss jeder für sich entscheiden,. Wir haben uns hier klar entschieden: Wir sind ein Geschäftshotel. Das einzige, was wir gut können, ist Business-Tourismus und kein Leisure-, also Freizeit-Tourismus. Und dem entsprechend sieht unsere Klientel aus, auch am Wochenende. Da machen wir keine Ausnahmen.

Der letzte Bereich ist der einzige, bei dem Sie ein bisschen übertreiben dürfen: bei den langfristigen Unternehmenszielen. Hier darf sich durchaus ein gewisses Wunschdenken einschleichen, weil wir genau wissen, dass es uns mehr Freude macht, Ziele zu verfolgen als Ziele zu erreichen. Das Ergebnis ist das Ziel. Manche behaupten, der Weg sei das Ziel, aber ich finde, dass das Ergebnis das Ziel sein muss, auch wenn am Ende als Ergebnis ein bisschen weniger herauskommt, als man im Voraus geplant hat. Es fliesst einfach mehr Energie, wenn ich ein großes Ziel verfolge.

Trends zur Strategie

Dem alten Walt Disney wird nachgesagt, dass er immer in drei Büros arbeitete. Seine wunderbaren Schöpfungen wie «König der Löwen» oder auch die Konzepte für seine Freizeitparks sind so entstanden. Das erste Büro war sein «Dreamers Space», in diesem Raum war es nur erlaubt zu träumen. In ihm war sein Lieblingssessel, es war ausgestattet in seinen Lieblingsfarben, und er hatte immer die Musik und die Dinge um sich, die er gern hatte. Es waren keine «Bedenken-Träger» in diesem Raum zugelassen. In diesem Raum konnte er, wenn er wollte, einfach nur verrücktspielen.

Dann wechselte er irgendwann das Büro und ging in seinen «Realisierer-Raum». Dort wurde im Projektmanagement heruntergebrochen, was er vorher geträumt hatte.

Dann gab es noch ein drittes Büro; aber in das ging er nur selten hinein, das war der «Kritiker-Raum». Stellen Sie sich eine gelbe Wand in solch einem Raum vor, und an ihr sind alle Katastrophen aufgelistet, die Ihnen andauernd unter die Nase gerieben werden. Da muss man sich immer ansehen, was denn so der *worst case* ist, also das Schlimmste, was passieren kann. Und wenn man sich das vorgestellt hat, muss man ganz schnell wieder aus dem Raum heraus, weil man sonst an der negativen Stimmung erstickt.

Deutschland ist jahrelang in dieser negativen Stimmung verharrt: «Es geht bergab, wir sind Schlusslicht!», weil sich die Menschen immer nur das Negative angesehen haben. Es ist natürlich richtig, sich das Negative anzusehen, aber man muss auch immer wieder darauf schauen, was man aus einer gegebenen Situation, auch wenn sie schwierig ist, machen kann. Es gilt weiterhin der Allgemeinplatz: Jede Krise ist zu 50 Prozent eine Chance.

Werfen wir also einen Blick in den Kritiker-Raum. Sehen wir uns unser Umfeld an: Was kommt denn so auf uns zu? Damit meine ich nicht die Probleme und Prozesse, die wir in unseren Betrieben haben, sondern die «Großwetterlage», jene Trends und Entwicklungen in Kultur und Gesellschaft, die unsere Arbeit beeinflussen und damit auch unsere strategische Planung.

Ich war vor einiger Zeit an der Universität in Lugano mit hochkarätigen Touristikern zu einem so genannten «Think-Tank» eingeladen, der darüber nachgedacht hat, welche «Driving Forces», welche Faktoren in der Zukunft auf den Tourismus einen großen Einfluss haben werden. Und Sie werden gleich sehen, dass die Einflüsse für alle Branchen die gleichen sind. Die Zusammenfassung am Ende des Tages war richtig erschreckend. Wir stellten fest, dass die modernen Dienstleistungsgesellschaften vor unheimlichen Veränderungen stehen: Ausbreitung neuer Krankheiten, Kriege, Terrorismus, Globalisierung, ökologische Probleme, immer älter werdende Bevölkerung. Daneben gibt es gegenwärtig einen unglaublich revolutionären, technischen Fortschritt. All diese Tendenzen führen zu einem hohen Grad von Ungewissheit.

Diese Trends und Veränderungen haben Einflüsse, die viele Unternehmer überhaupt noch nicht richtig verstanden haben. Außerdem werden die Kunden von Morgen immer anspruchsvoller. Die untere Reizschwelle der Kunden steigt und steigt. Sie zwingt uns von Jahr zu Jahr zu neuen und aufwendigen Investitionen in Dienstleistungen und Produkte, die für die Bedürfnisse der verschiedenen Zielgruppen immer weiter maßgeschneidert sein müssen. Die Individualisierung und der technische Fortschritt führen dazu, dass auch die Zielgruppen sich immer weiter ausdifferenzieren.

Schauen wir doch einige dieser Trends genauer an – und vor allem ihre Auswirkungen:

Der erste Trend heißt Unsicherheit. Fliegen macht keinen Spaß mehr; in den USA waren im letzten Jahr 10 Prozent weniger Touristen als im Jahr zuvor, das sind riesengroße Einbußen. Die Menschen haben keinen Bock mehr, diese *immigration procedures* über sich ergehen zu lassen. Sie müssen Ihren Gürtel an jedem Flughafen ausziehen, Ihre Kosmetik wird Ihnen abgenommen. Wenn die Stiefel höher sind als ein Halbschuh, müssen Sie die auch noch ausziehen. Wenn man ehrlich ist, muss man zugeben, dass die Terroristen gewonnen haben.

All das bedeutet, dass Menschen weniger reisen werden, oder sie werden vorwiegend in sichere Länder oder zumindest in sichere Hotelanlagen reisen. In New York gibt es das erste Hotel, wo man mit Fingerprint oder mit biometrischer Erfassung einchecken kann.

Ich hatte letztes Jahr einen Vortrag in Rio de Janeiro. Danach gingen wir abends in ein Restaurant. Vor der Tür stand eine Menschenschlange und am Eingang wurde man dann drangenommen wie am Flughafen und mit dem Magnetgerät nach Waffen durchsucht. Taschenmesser konnte man schon mal abgeben. Im Restaurant war es dann wieder so, wie es in einem Restaurant sein sollte. Aber solche Vorgänge werden bald zum Alltagsgeschäft gehören.

Der nächste Trend zeigt sich in der immer älter werdenden Bevölkerung. Nicht nur Deutschland vergreist, andere Länder auch. In Asien lagern bereits die ersten Hotels die individuellen Blutkonserven von älteren Stammgästen, zusammen mit allen Infos über deren Gesundheitsstatus. Sie sind online verbunden mit dem nächsten Gesundheits- oder Krankenhaus. Das klingt ziemlich exotisch, ist es aber nicht. Wir haben seit fünf Jahren im Schindlerhof einen Defibrillator; acht Mitarbeiter wurden an diesem Herzgerät ausgebildet. Dietmar Hopp, der Mitgründer von SAP, hat an seinen zwei Golfplätzen in St. Leonberg bei Heidelberg zwei Defibrillatoren und eine fest angestellte Krankenschwester. So etwas kommt immer näher auf uns zu.

Der Wunsch nach Gesundheit ist ebenfalls einer dieser Megatrends.

Wellness wird in Hotellerie und Tourismus nicht mehr ausreichen. Um erfolgreich zu bleiben, muss man sich weiter spezialisieren, zum Beispiel in «Medical Wellness», Ayurveda, traditionelle chinesische oder tibetanische Medizin oder spezielle Diäten. Ein Beispiel: Ein kleines Hotel mit 55 Zimmern, der Lanserhof oberhalb von Innsbruck, macht mit drei fest angestellten Ärzten 8 Millionen Euro Jahresumsatz. Das Hotel bietet nur «Medical Wellness» an und hat damit Erfolg.

Technologie wird der nächste Megatrend sein. Die großen Hotelketten erhalten 40 Prozent ihrer Buchungen bereits heute über das Internet. Und dies wird künftig auch für andere Branchen gelten. Jeder macht sich erst einmal schlau über die Suchmaschine, bis er zu seinem gesuchten Produkt kommt und dann am liebsten auch gleich bestellen will. Wir sind im Schindlerhof jetzt endlich seit Januar 2007 so weit, dass der Kunde direkt über das Internet buchen kann und nicht mehr zwei Stunden auf das bestätigende E-Mail warten muss. Alles geht sofort. Hilton hat seit vielen Jahren das erste Hotel auf dem Mond auf der Webseite. Ich behaupte: Das ist bald keine Science-Fiction-Fantasie mehr. Man nimmt sogar bereits Buchungen an. Und junge Geschäftsleute benötigen irgendwann keine Visitenkarten mehr; die sagen nur noch: «Google mich. Wozu brauche ich Visitenkarten?» Stimmt. Ich habe deinen Namen, da kann ich mir viel mehr aus dem Netz herausholen, was ich über dich wissen will.

Dann das Phänomen Ökologie. In meinem Haus haben sich die Energiekosten in den letzten vier Jahren verdoppelt. Wenn wir nicht drastisch gegengesteuert hätten, hätten sie sich fast verdreifacht. In Paris gibt es das erste Hotel mit einer Energierechnung von Null. Nur noch die Küche hat eine negative Energiebilanz. Wenn ich heute eine Million dafür ausgeben würde, müsste ich meinen Banker gar nicht um die Finanzierung fragen: Letztes Jahr hatte ich 180 000 Euro Energiekosten. Bei einer entsprechenden Investition hätte ich einen Return-on-Investment in 4,5 Jahren.

Dann die gute Drivingforce Globalisierung. Wir können das Wort schon gar nicht mehr hören, aber man muss sich bewusst sein, welche Konsequenzen sie für uns hat. Es werden mehr Sprachen gebraucht und es werden *andere* Sprachen gebraucht. Wenn Sie heute als Verkäuferin auf dem Kurfürstendamm in Berlin eine Stelle in einer Luxusboutique haben wollen – Hermès oder Luis Vuitton oder Escada –, müssen Sie eine der Sprachen der so genannten «Bric-Staaten» sprechen: Brasilien, Russland, Indien, China. Ich war vor zwei Wochen zum ersten Mal in Vilnius in Litauen. An jedem dritten Platz war ein PC angeschlossen. Die Stadt hat 16 000 Studenten und an jeder Ecke eine andere Universität. Bildung wird so ein Thema sein, wo uns andere Länder schnell überholen werden, wenn wir nicht anfangen, unser Bildungswesen zu verbessern. Und Globalisierung hat auch mit anderen Öffnungszeiten zu tun. Ich führe häufig im angelsächsischen Raum Seminare durch, vorwiegend in Irland, ein Land mit einer Stunde Zeitunterschied zu uns. Ich bin gewohnt, um 6.30 Uhr mein Croissant und meinen Kaffee an der Rezeption zu mir zu nehmen. In Irland ist dann 5.30 Uhr, und ich kriege nichts. Da bekomme ich früh schon einen dicken Hals. So etwas akzeptieren die Kunden in Zukunft nicht mehr. Es gibt Leute, die reisen um 4 Uhr früh an, und es ist ihre Zeit zum Mittagessen. Und unser Ladenschlussgesetz in Deutschland gehört in den Papierkorb der Wirtschaftsgeschichte. Und da wird es auch irgendwann landen.

Politik ist der nächste Trend; wir haben einen Steuerwettbewerb in Europa. Ich habe mich mit 22 Jahren selbstständig gemacht, ich würde es jederzeit wieder tun. Aber nicht in Deutschland, eher in den baltischen Staaten: 19 Prozent *flat tax*. Jeder zahlt 19 Prozent; da kommt Freude auf, genauso wie in Slowenien, Spanien oder Irland. Unser kompliziertes Steuerrecht in Deutschland mit der hohen Belastung wird auf Dauer keinen Bestand haben.

Nächster Trend: Polarisierung. Das Produkt, dass Sie gut verkaufen wollen, ist entweder Marke oder es ist «No name». Sie zahlen für eine Gucci-Jeans im Moment 270 Euro, für eine «No name»-Jeans 19 Euro. Es ist das gleiche Material und in China gefertigt. Vielleicht sind die Nähte andersfarbig. Mit anderen Worten: Sie zahlen nur für den Markennamen 250 Euro. Sie haben von Cay sicher mehrfach gehört: Es ist niemals der Zweck eines Unternehmens, Gewinne zumachen. Das ist völlig richtig. Die Folge des Unternehmerzwecks ist es, Gewinn zu machen. Aber der einzige Zweck einer Marke ist es, Kohle zu scheffeln. Deswegen müssen wir alle starke Marken aufbauen (siehe auch Seite 13 f.). Es ist entweder exklusiv oder es ist billig. Einerseits Ryan Air für vier Cent oder Air Berlin für 29 Euro oder andererseits ein Business-Class- oder First-Class-Flug über Dubai, wodurch man noch eine Nacht gewinnt. Im einen wie im anderen Fall geht es um Service- und Innovationsführerschaft; dann sind es die Nischen, die Ihnen eine Chance eröffnen, oder es ist die Kostenführerschaft. In der Hotellerie haben Sie mit Vorteil entweder vier oder fünf Sterne oder einen oder zwei Sterne. Es gibt Kollegen, die sich bereits bewusst auf zwei Sterne heruntergestuft haben, weil sie sich sagten: «In der Mitte bin ich einfach viel zu leicht austauschbar und habe kein klares Profil, dann mache ich lieber gleich auf billig.»

Dann ein ganz wichtiger Trend: Klimawechsel. Noch nicht bei uns, aber es wird Wintersportorte unter 1500 Metern geben, die bald keinen Schnee im Winter mehr haben werden, und die Spanier werden sich auch nicht freuen, denn im Süden wird es zu wenig Wasser geben. Es gibt Trendforscher, die behaupten, dass in Zukunft Kriege wegen Wasser geführt werden, da ein Großteil der Menschheit keine Zugang zu hygienischem, gesundem und sauberem Trinkwasser hat. Das muss man sich mal überlegen: Was früher wegen anderer Rohstoffe passiert ist, passiert eines Tages um Wasser. In den letzten 20 Jahren war es das Öl. Am Ende des Tages waren einige Teilnehmer des «Think Tank» sogar der Meinung, dass kleinere Betriebe in diesen sich dramatisch verändernden Märkten nicht überleben werden können. Ich war einer der Wenigen, der dagegengehalten hat, denn ich bin der Meinung: Im Gegenteil, gerade wir Kleinen haben die Möglichkeit, weil wir schneller sind, weil wir viel leichter Nischen aufspüren. Und ich möchte gleich damit beginnen, wo unserer Chancen liegen.

Das Wort *Service* wird im Schindlerhof jetzt gerade verboten. «Service» ist abgelutscht. Es gibt kein Unternehmen, das nicht guten Service für sich reklamieren würde.

Da können Sie nehmen, wen Sie wollen, jeden Discounter. In manchen Ländern ist es noch drastischer. Eine Tankstelle in den USA nennt sich «Service Station». Und das bedeutet: Sie müssen dort selbst zapfen! Und der größte Blödsinn ist *self service*. Auf deutsch also kein Service.

Umgekehrt wird ein Schuh draus: Es geht, wenn Sie hier überleben wollen, nicht um die Abschaffung des Service, sondern in Zukunft um *mehr* als nur Service.

Und ich will Ihnen dazu zunächst ein paar Beispiele geben. Das erste: Ich hatte im Mai ein Seminar in Samara, 1000 km östlich von Moskau. Und ich hatte nicht nur ein Seminar zu führen, sondern auch eine schwere Erkältung. Mein Nachttisch war voll mit Aspirin Compact und Aspirin Plus C, und im Badezimmer gab es außerdem eine halbleere Packung Kleenextücher in der Box. Als ich am Abend in mein Zimmer zurück und ins Bad ging, lagen unter dieser fast verbrauchen Kleenexschachtel drei neue Reserveschachteln. Das hat nichts mit Service zu tun, sondern das ist die Kunst des *Housekeeping*. Da hat das russische Zimmermädchen aus den Medikamenten auf dem Nachttisch das Richtige geschlossen: Die arme Sau hat eine Riesenerkältung.

Ein zweites Beispiel: Ich bin immer rund 80 Tage und Nächte im Jahr in Hotels unterwegs, das gehört zum Seminar-Business. Wir Männer kennen unsere Hemden ganz genau. Bei einem meiner Hemden war ein kleiner Knopf an einer Seite weg. Man konnte es immer noch anziehen, denn die Knopfleiste vorn war ja vollständig.

109

Das Hemd war inzwischen vielleicht in 80 Wäschereien, und ich dachte mir auch immer wieder: Ah, wieder das Hemd, wo der Knopf fehlt. Plötzlich kam aus einem Hotel, dem Hotel Morgan in Dublin, dieses Hemd mit Knopf wieder zurück. Damit hatten die mich völlig verblüfft. Das hatte nichts mit Service zu tun, sondern das ist die Kunst, Gästewäsche zu pflegen Das hat etwas mit Liebe zu tun und nicht mit Geld verdienen.

Und ich gebe Ihnen noch ein drittes Beispiel: In Maastricht bin ich achtmal im Jahr zu Seminaren an der Universität und wohne dann immer in einem Hotel außerhalb von Maastricht, dem Chateau Gerlach. Beim ersten Mal unterhielt ich mich da mit dem Oberkellner über Hunde und auch über meinen Hund und erzählte ihm, dass ich mein ganzen Leben lange immer Hunde gehabt habe. Seitdem kriege ich vom Hotel Gerlach einen Kauknochen und eine Karte zum Geburtstag meines Hundes. Das hat nichts mit Service zu tun, das ist die Kunst, Kunden zu begeistern.

Die Dienstleistungsberufe haben alles in allem ein schlechtes Sozialprestige. Wenn heute ein Abiturient berichtet, er lerne Kellner, könnte er gleich sagen, dass er schlechte Noten hat. Aber was wir versuchen müssen ist, die Dienstleistungsberufe mit diesem schlechten Sozialprestige einfach in die Höhe von Kunst zu erheben. Wir stehen da gerade auch erst am Anfang; es weiß auch noch keiner außer Ihnen jetzt hier. Aber ich werde sie demnächst so in den nächsten zwei, drei Jahren dahin führen. Darum geht's!

In drei Worten: Ich habe noch kein deutsches Wort gefunden, was es so auf den Punkt bringt. *Beautiful Human Behaviour!*

Das lässt sich sehr schwer übersetzen (aber ich versuche es mal): In unserem Land halten es viele Menschen mit den drei F-Wörtern: Frust, Frühpension und früher Tod. Und hier geht es um die drei L-Wörter: *Lust, Liebe* und *Leidenschaft.*

Diese Begriffe kommen eigentlich dem *Beautiful Human Behaviour* noch am nächsten. Man hätte es vielleicht noch besser übersetzen können, aber darum geht es letztendlich.

Zweiter Tag

Servicequalität

Kaufentscheidungen werden maßgeblich von drei Kriterien beeinflusst, und dabei ist es völlig egal, ob es sich um ein Auto handelt, um Mode, ein Hotel oder eine Uhr.

Erstens, vom Preis. Es lässt sich nicht wegdiskutieren, dass der Preis eine Rolle spielt. Das ist so offensichtlich, dass ich das hier nicht weiter erläutern muss.

Das zweite Kriterium für die Kaufentscheidung ist die Performance, die Leistung. Ich kenne viele Leute, die vielleicht einmal eine Uhr mit 30 Prozent Rabatt gekauft haben, aber irgendwo, wo es null Service gibt.

Keiner reguliert sie ihnen richtig. Traut sich denn jemand, der ein Auto in Dänemark billig gekauft hat, zum mittelständischen Familienbetrieb zu gehen und zu sagen: «Gekauft habe ich es bei Ihnen zwar nicht, aber die ganzen Reparaturen und Garantiesachen möchte ich bei Ihnen machen»?

Es braucht also eine Balance: Der Preis muss stimmen. Wenn der Preis ein bisschen höher ist, aber die Leistung ist eben auch besser, akzeptiert man möglicherweise auch einen etwas höheren Preis.

Bleiben wir beim Uhrenbeispiel: Bevor ich einen Preis senken würde und mich in die Rabattschlacht stürze, würde ich lieber überlegen, ob ich auf jede Uhr fünf Jahre Garantie gebe. Ich kenne in Zürich einen Händler, der sich auf alte Uhren spezialisiert hat. Er gibt auf jede gekaufte Uhr lebenslange Garantie. Vielleicht kommt der Kunde alle fünf oder sechs Jahre, und der Uhrmacher hat etwas

**Kaufentscheidungen werden maßgeblich
durch drei Kriterien beeinflusst:**

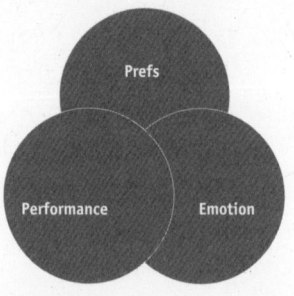

**Kundennutzen ergibt sich aus diesen drei
Komponenten.**

daran zu tun. Dann redet keiner mehr über den Preis. Es gibt viele
andere Möglichkeiten, vom Preis wegzukommen.

Das dritte, was die Kaufentscheidung beeinflusst, das ist die
Emotion. Und die bleibt meines Erachtens in Deutschland am
meisten auf der Strecke. Aber auf sie kommt es besonders an. Ich
habe Ihnen ein Beispiel mitgebracht: Eine Supermarktkette hat in
Köln unter ganz besonderen Vorzeichen einen Markt eröffnet. Das
Team setzt sich aus 50 Prozent Deutschen und aus 50 Prozent Ita-
lienern zusammen. Mehr muss man eigentlich zum Thema Emotion nicht sagen.

Dazu kommt eine zweite Besonderheit: Alle Mitarbeiter kommen nicht vom Einzelhandel, sondern ausschließlich aus der Gastronomie. Das ist noch einmal ein bisschen mehr Emotion.

Und jetzt schauen wir uns einmal die Ergebnisse an: Die Filiale
hat im zweiten Jahr ihres Bestehens bereits mehr als 8 Millionen
Euro Umsatz gemacht, und das in einem einzigen Outlet. Über

Servicequalität

**Emotionale Erlebnisse kommen
meist aus einer dieser beiden Quellen:**

▪ starke Reize von aussen

▪«heimliche Berührungen»

Prof. C. A. Schmitz

10 Prozent Wachstum! Und die italienischen Paradedisziplinen, wie Obst und Gemüse, über 20 Prozent. Insgesamt alle Servicestationen über 27 Prozent Zuwachs. Nur über Emotion.

Ich spüre immer mehr, und ich sehe vor allem immer mehr Beispiele, dass die «Geiz ist geil»-Mentalität wirklich ausgedient hat. Immer mehr Firmen steuern erst recht dagegen und setzen vermehrt auf Service, verlangen dafür aber auch ihren Preis. Allerdings muss dann auch die Performance stimmen. Das muss die Lösung sein, für die Zukunft! Servicequalität ist immer ein emotionales Erlebnis.

Solch emotionale Erlebnisse kommen meist aus einer von zwei Quellen: Entweder erlebt der Kunde starke Reize von außen (was natürlich nicht ganz billig ist, aber auch wirkt) oder «heimliche Berührungen». Das hat die gleiche Wirkung, kostet aber fast nichts oder nur wenig.

Wenn man sich in meiner Branche umschaut, wird man feststellen, dass die meisten Hotels versuchen, durch starke Reize von außen den Wettbewerb anzuführen: Burj al Arab in Dubai, sieben Sterne; Adlon in Berlin, Taschenbergpalais in Dresden, Quellenhof in Bad Ragaz, Victoria Jungfrau in Interlaken.

Die haben alle Wellness-Bereiche, aus denen Sie ohne Kompass nicht mehr herausfinden. Schwimmbäder, die Sie ohne vier Rettungsschwimmer nicht genehmigt bekommen. Sie brauchen in der Halle eine Sonnenbrille, weil Sie vom Carrara-Marmor schier geblendet werden.

Natürlich wirkt das. Aber welcher Mittelstandsbetrieb kann sich das leisten? Ich führe immer Anfang des Jahres im Januar in einem Hotel in Schottland, 100 km nördlich von Edinburgh, ein Seminar durch. Auf eigenem Grund und Boden betreiben die vier 18-Loch-Golfplätze, eine eigene Geländestrecke für Landrover, ein Reitzentrum in olympischen Ausmaßen und eine Falkner-Schule, wo 15 Vögel nur darauf warten, dass Sie mit ihnen auf die Moorhühnerjagd gehen. Das sind starke Reize von außen.

Natürlich wirkt das: Nur – ich kann mir das nicht leisten!

Innen geht der viktorianische Luxus natürlich weiter, bis hin zu den Badezimmer-Armaturen aus Sterlingsilber. Gebäudeausstattung, Hilfsmittel und so weiter sind allesamt harte Faktoren der Servicequalität. Wer sich das nicht leisten kann, der kann nicht nur, sondern muss auf weiche Faktoren der Servicequalität setzen. Das bewirkt mindestens genau so viel.

Weiche Faktoren: Das wären dann etwa das Charisma der Mitarbeiter, wie beispielsweise ihr Aussehen und ihr Auftreten. Es hat ebenfalls zu tun mit ganz simplen Werten wie Zuverlässigkeit, sofortige Beantwortung der Anfragen, genereller Kontakt und Freundlichkeit. Aber auch das Beschwerdeverhalten ist wichtig, also das Fingerspitzengefühl, wie ich mit einem schwierigen Kunden in einer entsprechenden Situation umgehe.

Es gibt grundsätzlich drei Möglichkeiten, wie Sie viel Geld verbrennen können: Die erste Möglichkeit sind schöne Frauen. Die zweite sind Rennpferde, und die dritte ist ein eigenes Hotel.

Ich habe mir jetzt die Langweiligste herausgesucht. Und falls Sie auch einmal mit dem Gedanken spielen, da gibt es eine ganz einfache internationale Faustregel: Ein Hotel rechnet sich ab einer Auslastung von 50 Prozent, wenn man 1 Promille der Gestehungskosten pro Zimmer, pro Nacht als Nettopreis erhält. Wenn Sie ein Hotel mit 100 Zimmern bauen, und die Zimmereinheit kostet 100 000 Euro, geben Sie 10 Millionen aus. Das Restaurant ist bereits mit eingerechnet.

Wenn Sie jetzt pro Nacht 100 Euro erhalten plus Frühstück plus Mehrwertsteuer, dann rechnet sich der Kasten. Dann bekommen Sie das auch finanziert. Diese Rechnung im Hinterkopf, empfehle ich Ihnen, sich einmal die 5-Stern-Häuser dieser Welt anzusehen. Da bekommen Sie keinen Return-on-Investment bei hundertpro-

Harte und weiche Faktoren der Servicequalität

Höflichkeit
Zuvorkommenheit
Respekt
Freundlichkeit

Verfügbarkeit
Leistungs-
bereitschaft

Bekanntheitsgrad
Erscheinungsbild
Referenzen
Auszeichungen

Zuverlässigkeit
richtige &
rechtzeitige
Leistungserstellung

Kontaktbequemlich-
einfache Erreich-
kurze Wartezeiten
günstige Lage

Dauerhaftigkeit
Nachhaltigkeit

Beschwerdeverhal-
ten Kenntnisse des
Kundenverhaltens,
Fingerspitzengefühl

Kommunikation
Informations-
bereitschaft &
-fähigkeit

Sicherheit
Finanzielle &
materielle Sicherheit
Vertraulichkeit

Zuverlässigkeit
schnell & pünktlich
Anfragen sofort
erledigen

Materielles Umfeld
Gebäude
Ausstattung
& Hilfsmittel

Fachkompetenz
Ausbildung
Fähigkeiten

Verständnis
Bedürfnisse der
Kunden kennen
Stammkunden

Auftreten
Mitarbeiter
Persönlichkeit
Aussehen

Glaubwürdigkeit
Ehrlichkeit, Ruf
Vertrauenswürdig-
keit

GLOW & Tingle

Harte und weiche Faktoren der Servicequalität   © by Klaus Kobjoll Seminar

zentiger Auslastung in 100 Jahren! Das sind die wahren Totengräber des Mittelstands.

Und ich bin sicher, dass es in anderen Branchen auch solche Totengräber gibt. Denken Sie an die Niederlassungen von manchen Automobilfirmen, die Familienunternehmen ruinieren, oder irgendwelche Konzerne, die es sich als Hobby jetzt auch noch im Einzelhandel bequem machen und sich überall einkaufen. Da können wir sicher alle ein Lied davon singen. Unsere einzige Chance besteht darin, unsere Kunden mit den weichen Faktoren der Servicequalität zu packen.

Dies war beim Schindlerhof die einzige Chance von Anfang an. Wenn ich mir meine Wettbewerbssituation im Großraum Nürnberg anschaue, fällt mir auch das eine oder andere Hotel mit fünf Sternen ein, wo meine Stammkunden billiger wohnen könnten als im Schindlerhof. Sie bekämen dort *Corporate Rates* und Firmenpreise. Bei uns zahlen sie *Rack-Rate,* den vollen Preis.

Dann gibt es natürlich auch reichlich Hotels im Vier-Sterne-Bereich. Aber wir haben trotzdem bessere Auslastungen, weil wir nur auf diese weichen Faktoren setzen. Alle anderen haben Schwimmbäder und Wellness und Fitness, das haben wir alles nicht. Wir haben nur Profitcenter. Wir haben kein einziges Costcenter. Wir haben noch nicht einmal eine Halle. Jeder Kubikmeter umbauten Raums kostet sehr, sehr viel, und wenn am Nachmittag gerade mal eine Tasse Kaffee läuft, kann sich das doch nicht rechnen!

Die Bedeutung der weichen Faktoren messen wir übrigens. Zum Beispiel im Monat August 2006 (da war wenig im Tagungsbereich los) haben wir etwa sieben oder acht Interviews mit Gästen geführt: «Lieber Tagungsveranstalter, warum machen Sie jetzt Ihre Tagung bei uns im Schindlerhof?» Häufigste Nennung: Herzlichkeit der Mitarbeiter in den Pausen.

Dann fragten wir im A-la-carte-Restaurant im August 20 oder 25 Gäste: «Warum kommen Sie heute mit Ihrer Frau zu uns zum Essen?» Das Ergebnis kann ich dem Küchenchef gar nicht zeigen: Es gab mehr Nennungen für den Service als für die Küche. Wenn es mehr für die Küche ist, dann zeigen wir es ihm natürlich.

Marketing ist etwas ganz Simples. Das ist wie angeln. Der Köder muss dem Fisch schmecken und nicht dem Angler. Aber ich kenne in meiner Branche einen Haufen Angler, die am Wasser stehen und sagen: «Mir schmeckt der Köder!» Da kämpft man um noch eine Michelin-Kochmütze und noch drei Gault-Millau-Punkte mehr, aber es beißt kein Fisch an.

Wenn ich weiß, weshalb die Leute zu uns kommen, dann kann ich meine Aufmerksamkeit darauf fokussieren: auf weiche Faktoren, auf Weiterbildung, auf die perfekte Auswahl der Mitarbeiter, auf Ausstrahlung, Persönlichkeitsentwicklung und so weiter. Und natürlich auch auf Herzlichkeit! Dafür muss ich mir aber kein Schwimmbad anlachen, was sich nicht rechnet.

Ich fasse zusammen und versuche, nach der Maslowschen Bedürfnispyramide die Säulen der Qualität aufzuzeigen. Es gibt aus meiner Sicht vier Säulen.

Die erste Säule ist Basisqualität. Das ist die Eintrittskarte in den Markt und beinhaltet alles, was ein Kunde voraussetzt: Sortimentsbreite, Sortimentstiefe, Öffnungszeiten nach dem neuen Ladenschlussgesetz, kein Ruhetag, mittags nicht geschlossen, tolles Ambiente, die Beleuchtung stimmt und so weiter. Das würde heute für den Einzelhandel bedeuten, dass selbst der Supermarkt über eine Kaffeestation verfügt. Im Sommer steht ein Spender mit eiskaltem Wasser bereit und kleine Einkaufswagen für die Kinder. Der Kunde wird immer anspruchsvoller. Unsere Erwartungen als Kunde sind gestiegen.

Es gehört heute schon schon fast zur Basisleistung der Apotheken, jemandem mit tropfender Nase eine kleine Packung Tempotaschentücher umsonst zu geben. So etwas speichere ich in meinem Hinterkopf. Ich war aber auch schon in einer Apotheke, die von mir für das Päckchen Tempotaschentücher 30 Cent haben wollte. Da gehe ich doch nie mehr hin. Ich habe aber auch schon erlebt, dass

Die vier Säulen der Qualität

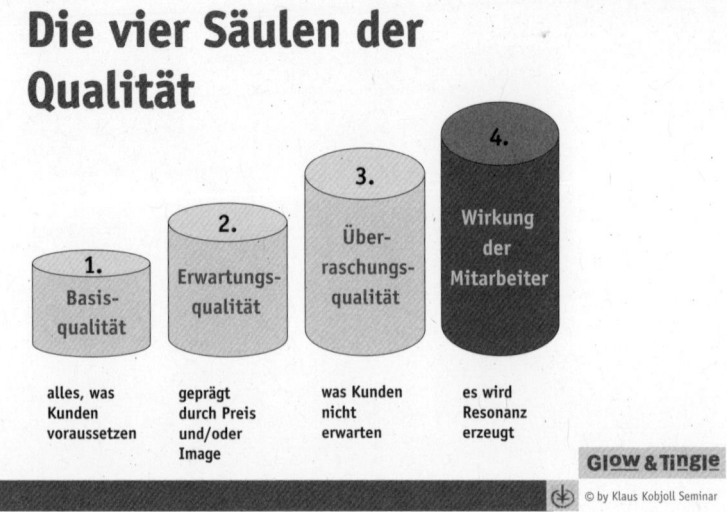

ich mittags nur eine kleine Packung wollte, aber es hieß, es gebe nur die großen Packungen. So ein Unsinn. Meiner Meinung nach gehört diese Kulanz heute eigentlich zu den Basisfähigkeiten. Darüber dürfte man gar nicht mehr reden.

Jetzt kommt die zweite Säule der Qualität. Das ist übrigens auch eine reine Quälerei: Erwartungsqualität. Und die Erwartungsqualität ist immer geprägt durch Preis oder durch das Image oder durch eine Kombination von Preis und Image. Einer unserer Servicemitarbeiter hat mir vor zwei Wochen ganz strahlend erzählt, er sei in Berlin gewesen und habe im Adlon in der Halle eine Portion Tee getrunken. Und hat 14,50 Euro bezahlt. Für eine Portion Tee. In der Halle.

Jetzt hat jeder von uns im Hinterkopf bestimmte Bilder. Also bei mir kommt jetzt so ein Bild hoch: Stresemannhose, Frack, weiße Handschuhe, sterlingsilbernes Teegeschirr, das Kännchen wahrscheinlich Meissner Porzellan. Dazu serviert der Kellner eine Zeitung, die hat er vorher natürlich gebügelt.

Hier kann man nur einen Fehler machen. Sie können kreative Werbeleute ohne sauberes Briefing von der Leine lassen. Dann werden Dinge nach außen kommuniziert, die die Mitarbeiter beim besten Willen nicht halten können. Also ab und zu sehe ich diesen Fehler bei Wellness-Hotels. Wenn ein Wellness-Hotel den Hausprospekt entwickelt, werden die Models aus der ganzen Welt eingeflogen. Alle mit bester Molekularstruktur, 90-60-90. Dann werden sie nackt in der Sauna drapiert. Vor der Tür stehen Bentleys und Porsches.

Und jetzt freuen Sie sich auf ein Wochenende in diesem Hotel, und Sie freuen sich auf die Sauna. Die Jüngste, die drin sitzt, ist 70. Und vor der Tür stehen nur Opel.

Da können einem die Mitarbeiter manchmal wirklich Leid tun, weil sie eine tolle Performance bringen, aber Sie als Gast mit einer ganz anderen, völlig überzogenen Erwartungshaltung dahin gekommen sind.

Aber den Fehler machen Sie sicher nicht. Jetzt hört die Quälerei auch auf, jetzt kommt endlich Spaß ins Spiel: Überraschungsqualität. Sie können Qualität ganz einfach definieren: Qualität hat zur Vorausetzung, dass ein Kunde alles, was er aufgrund von Preis und Image erwartet, bekommen hat. Und jetzt bleibt noch etwas übrig, etwas, womit der Kunde nicht gerechnet hat.

Nur das besteht den Barhocker-Test. Nur darüber wird er mit seinen Freunden sprechen. Nur das wird dafür sorgen, dass neue Kunden zu Ihnen kommen. Das andere hat er ja vorausgesetzt und erwartet.

Ich bringe noch ein Beispiel: Vor 17 Jahren, als unsere Tochter noch zu Hause wohnte, hatte sie ihr Kinderzimmer im Spitzboden unseres Hauses, wo es im Sommer sehr heiß ist. Meine Frau ließ irgendwann einmal eine kleine Kälteanlage dort oben einbauen. Und am Tag, nachdem sie eingebaut war, klingelte es bei uns morgens um drei viertel acht. Der Chef von der Firma stand bei uns an der Tür mit einem Blumenstrauß und sagte zu meiner Frau: «Ich kenne meine Pappenheimer, die mussten bohren, da hat es sicherlich etwas Dreck gegeben. Und deswegen wollte ich ihnen die Blumen vorbeibringen.» Und weg war er. Das waren keine drei Minuten.

Ein Jahr später haben wir unseren großen Saal klimatisiert. Ich habe meine Frau nicht wiedererkannt. Sie ist für das Kostenmanagement verantwortlich, und es ist nicht leicht, mit ihr zu verhandeln. Ich war fast eifersüchtig. Was passiert? Sie hat ihn angerufen und gefragt: «Wann können Sie anfangen?» Sie besorgte sich kein Gegenangebot, sie hat nur herumgeflötet. Eine einzige Kleinigkeit, ein Blumenstrauß, hat die ganze Leistung so emotional aufgewertet, dass sie jetzt plötzlich eine ganz andere Beziehung zu dieser Firma hatte. Und das bei nur einem einzigen geschäftlichen Kontakt. Sorgen Sie für Überraschungsqualität. Sie brauchen wenig Geld dafür, und es wirkt Wunder.

Stellen Sie sich einmal eine Zahnarztpraxis vor: Sie haben um zehn Uhr einen Termin, kommen hin und werden sofort mit Namen angesprochen – weil natürlich die digitalen Fotos in der Datenbank sind. Dann heißt es: «Bitte nehmen Sie doch einen Moment im Wartezimmer Platz; ich bringe Ihnen sofort Ihren Kaffee mit einem Löffel Zucker, umgerührt, so wie Sie ihn lieben!» Dann kommt die junge Dame vielleicht noch einmal kurz in das Wartezimmer und sagt: «Sie waren vor einem halben Jahr bei uns, da haben Sie aus unserer Bibliothek dieses Buch angelesen, bis Seite 17. Sie können weiterlesen, ab Seite 18.»

Im Wartezimmer haben Sie in der Praxis vielleicht an einer Seite drei Shiatsu-Massagesessel. Über ihnen sind Kopfhörer aufgehängt. Da können Sie sich wenigstens noch Hardrock reinziehen, wenn Sie schon Zahnschmerzen haben, bis Sie drankommen.

Vielleicht liegt in der Mitte auf dem Tisch ein Handy. Es kann einmal ein Schmerzpatient dazwischen kommen, dann kann man im Büro kurz anrufen und sagen: «Es dauert länger!»

Oder Leihbrillen: Ich bin jetzt in einem Alter, wo die Arme zum

Lesen zu kurz sind. Und wenn ich zum Arzt gehe, habe ich fast immer meine Brille vergessen. Da sitze ich dann und versuche irgend etwas zu lesen. Warum gibt es das alles nicht in der Arztpraxis? Die ärztliche Leistung ist in den meisten Fällen Basisqualität. Und wenn Sie sich als Arzt einen besonderen Ruf erarbeitet haben, dann ist es halt Erwartungsqualität. Aber der Laie kann doch nicht entscheiden, ob man die Schnittführung noch etwas besser oder das Implantat noch ein bisschen gerader hätte machen können. Der Laie kann nur mit den Dingen, mit denen er nicht gerechnet hat, die Leistung beurteilen.

Und das ist das, worin wir hier unsere Chance gesehen haben. Wir bauen im Schindlerhof in allen Teilen auf Überraschungsqualität. Beim Einchecken wird dem Gast erst einmal ein Glas Sekt angeboten. Wenn das Zimmer eine Badewanne hat, gibt es eine Entenfamilie zum Mitschwimmen. Es gibt natürlich auch Kerzen an der Badewanne, falls Sie zu zweit schwimmen wollen. In der Dusche hängt ein Unterwasserradio. Sie haben den Wetterbericht auf dem Kopfkissen, in Celsius, in Fahrenheit, mit Piktogrammen für den nächsten Tag.

Und hier wieder eine neue Win-win-Network-Geschichte: Der Leihbrillen-Service kostet uns gar nichts. Wir haben von einem Erlanger Optiker die fünf gängigsten Dioptrienstärken erhalten. Er ruft uns zweimal pro Jahr an und fragt: «Brauchst du noch mehr?» Ich gehe sehr oft einkaufen, auch in teuren Geschäften. Selbst wenn ich heute in Saint James in der Germain Street in die teuersten Geschäfte hineingehe und einen Amex-Slip unterschreibe, habe ich noch nicht erlebt, dass mir jemand eine Leihbrille angeboten hat.

Überraschungsqualität: Sonnenbrillen für die Gäste im Garten, aber auch während einer Kaffeepause im Hof; im Hochsommer Autan gegen Insekten, daneben noch eine Flasche Sonnenmilch für das empfindliche Öhrchen! Wir haben absperrbare Schirmständer. Das wäre vielleicht auch eine Idee für die Nobel-Läden wie Mosimann, wenn die Leute mit ihren mit Seide bespannten, handgefertigten Schirmen kommen. Man hat immer ein blödes Gefühl, wenn man das gute Stück irgendwo abgestellt und es nicht wegsperren kann. Bei uns gibt es ein Sicherheitsschloss, und ich bin völlig entspannt beim Essen. Und vergessen tue ich ihn erst recht, muss also noch mal aufs Land fahren und noch mal essen, um meinen Schirm abzuholen …

Heute Mittag habe ich einen Zwiebelrostbraten im Restaurant gegessen und wollte nicht die normale Menage nehmen, da habe ich gefragt: «Habt ihr nicht noch eine andere Pfeffermühle?» Da brachte man mir gleich zwei Pfeffermühlen: Malabar, einen scharfen Madagascar-Pfeffer, und Caveri, einen fruchtigen, milden Pfeffer.

Spüren Sie wieder diese *Pieces of Conversation,* diese Kleinigkeiten? Darüber reden letztlich die Leute. Es kostet nicht mehr als ein wenig Organisation.

Der Pfeifenraucher, der sich seine Pfeife angesteckt, bekommt automatisch den Pfeifenaschenbecher mit einem Korkstück in der Mitte. Es gibt Pfeifenreiniger im Haus. Wir haben in den Herrentoiletten immer die Tageszeitung über dem Pissoir aufliegen, Montag bis Freitag Wirtschaft, Samstag und Sonntag Sport. Jedes Detail muss natürlich von einem Mitarbeiter betreut werden.

Wenn Sie um elf Uhr abends nach einer Flasche Wein nach Hause fahren wollen, werden Sie am Ausgang des Restaurants eine Liste mit den Standorten der Radarkontrollen im Umkreis von 30 km um den Schindlerhof vorfinden. Da arbeiten uns Taxifahrer und ein spezieller privater Radiosender zu. Und wenn Sie im Winter draußen auf dem Parkplatz ihr Auto geparkt haben und Sie steigen wieder ein, sind die Scheiben vorne und hinten gereinigt. Natürlich auch die Lichter. Diejenigen Hotelgäste, die keine Garage gefunden haben und im Winter draußen parken müssen, haben früh um sieben Uhr enteiste Scheiben. Das machen wir mit einem Spray vorne und hinten. Das ist wiederum nur eine Kleinigkeit.

Aber es hat wieder etwas mit Organisation zu tun. Es muss ein Mitarbeiter eine Stunde früher kommen – um sechs statt um sieben Uhr. Er darf keinen Reißverschluss und natürlich auch keine Metallknöpfe an seinem Overall haben, sonst verkratzt er die Autos, wenn er sich drüberbeugt.

Ein berühmter Zeitgenosse in London, Ian Schrager, sagt zu diesem Phänomen: «Die Details sind heute entscheidend.»

Ich würde noch etwas ergänzen: Nach 150 000 Unternehmenspleiten in Deutschland gibt es nur noch gute Unternehmen, denn die anderen sind ja gar nicht mehr am Markt. Und der Unterschied zwischen guten und sehr guten Unternehmen macht noch zwei Prozent aus.

Die Basisfähigkeiten stimmen überall, die Erwartungsqualität stimmt meist auch, aber jetzt ist die Überraschung dran: Was liefere ich an *Pieces of Conversation*? Der eine fühlt sich berührt, weil im Seminarraum ein Brillenputztuch neben seiner Lesebrille auf dem Tisch liegt, wenn er aus der Pause zurückkommt. Der Nächste freut sich über die Herzschablone auf dem Cappuccino im A-la-carte-Restaurant.

Schrager sagt weiter: «Wir können nie genug Zeit auf diese Details verwenden, weil wir einfach nicht wissen, welche Details letztlich einen Kunden berühren.»

Wir haben in etwa 150 solcher Details schriftlich implementiert. Das Meiste ist entweder über die ISO abgesichert oder über die Hauptaufgabenplanungen der Mitarbeiter, in denen das überall noch einmal schriftlich festgehalten ist.

Nun kann ein solches Detail niemals ein Wettbewerbsvorteil sein. Aber die Summe der Details ist eine strategische Erfolgsposition. Die Summe der Details kann Ihnen niemand so schnell abkupfern.

Die Entwicklung dieser Dinge will ich Ihnen anhand unseres Jahreszielplans 2006 aufzeigen. Wir schreiben mit unseren Mitarbeitern: «Freundschaften entstehen immer in drei Stufen.» Das ist

... Freundschaften entstehen immer in drei Stufen:

1. Zunächst macht man sich **kleine Geschenke** und **Komplimente**; das kann Taktgefühl, ein Obstkorb auf dem Zimmer, eine kleine Packung Pralinen, der Begrüßungstrunk an der Reception oder das Amuse Bouche im Restaurant sein.

2. Damit die (Gast-) Freundschaft wächst, lassen wir jetzt den anderen mehr von uns sehen. Es geht also um **Offenheit** und **Selbstoffenbarung**. Sowohl Gäste als auch wir wissen nun mehr voneinander und können deshalb auf einer höheren Stufe kommunizieren. Hier treten wir in einen direkten Dialog mit dem Gast ein, der sich jetzt für unser Konzept – auch hinter den Kulissen – interessiert (Unternehmenskultur, etc.). In dieser Stufe gehen wir bereits **individuell** mit dem (Gast-) Freund um; wir kennen seine «Schrullen» und Vorlieben – diese sind in unserer Datenbank gespeichert und werden «one to one» angewendet.

3. Die höchste Stufe von Freundschaft entsteht erst dann, wenn man sich wirklich sehr gut kennt und **Nähe / Intimität** zugelassen wird. In dieser Stufe kann es schon einmal sein, dass wir das POST IT mit dem Aufdruck «Zähneputzen nicht vergessen» an den Badezimmerspiegel hängen...
Nach diesen drei Stufen der (Gast-)Freundschaft werden wir zukünftig Gastkontakte mit Hilfe eines neuen CRM-Tools systematisch ausbauen.

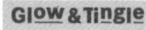

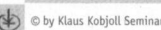

übrigens generell so, egal ob es sich um eine private Freundschaft oder eine Geschäftsfreundschaft handelt.

Was Sie bisher gesehen haben, war die Stufe eins. Diese Leistungen sind für alle Kunden gleich: Man macht sich am Anfang kleine Geschenke, Komplimente. Das ist Taktgefühl, das kann ein Obstkorb auf dem Zimmer sein, eine Schachtel Pralinen, der Begrüßungstrunk an der Rezeption, ein Amuse-Bouche im Restaurant und so weiter.

Beim Juwelier gibts einen Espresso, auch da vielleicht die handgemachte Praline dazu, verschiedene Sorten Mineralwasser, bei teureren Sachen auch mal ein Glas Champagner, schön auf 4 °C heruntergekühlt. Auch das ist wieder für alle gleich.

Ich mache den Unterschied an einem privaten Beispiel fest:

Wenn Sie vor drei Tagen in der Diskothek eine junge Dame kennen gelernt und erfahren haben, dass sie morgen Geburtstag hat, dann können Sie ihre Lieblingsblume noch nicht kennen; dann reicht es aus, dass Sie ihr Blumen schicken.

In dem Moment, wo man sich besser kennt und wenn man mehr voneinander weiß, muss ich auf einer höheren Stufe mit diesem Gastfreund, mit diesem Kunden oder privaten Freund kommunizieren. Wenn ich die junge Dame schon drei Jahre kenne, und ich weiß, ihre Lieblingsblume ist eine alte englische Rosensorte, Rosa Alba, aus dem 19. Jahrhundert, muss ich mir die halt rechtzeitig besorgen. Dann freut sie sich. Wenn ich ihr aber statt dessen Nelken schenke, die «Hamburger» unter den Blumen, dann hat sie wahrscheinlich wenig Freude. Hier muss ich individuell mit meinem Gegenüber umgehen.

Und an dieser Stelle, auf der zweiten Stufe, setzen wir eben unser One-to-one-Marketing ein. Wir führen Datenblätter, um auf die Schrullen und Vorlieben unserer Stammkunden einzugehen. Wir haben bereits im Jahreszielplan 2000 festgelegt, dass von allen Leistungsbereichen monatlich mindestens ein Datenblatt über einen potenziellen Stammkunden angelegt werden muss. Das Datenblatt enthält ein digitales Foto, damit auch neue Teammitglieder den Kunden sofort erkennen und ihn mit Namen ansprechen können. Dann kommen weitere Daten dazu, wie Fax, E-Mail, bei Österreichern auch der Titel, das Geburtsdatum, wichtige persönliche Ereignisse (wann macht die Tochter Abitur, wann kommt der Sohn vom Militär zurück?). Dann werden sportliche Vorlieben, Hobbys, Frühstücksgewohnheiten, Leibgerichte und so weiter notiert, die ganze Palette der ganz kleinen Besonderheiten. Als wir 2000 mit den Datenblättern angefangen haben, wurden einfach unsere Ideenblätter ergänzt.

Da kam zudem noch ein kleiner Zusatz drauf: «Die Schrullen und Vorlieben unserer Stammkunden und solcher, die es gerne werden möchten.»

Ideenblatt

So sieht die Sache jetzt aus:

....

....

....

....

Mein Veränderungsvorschlag dazu:

....

....

....

**Die Veränderung bringt eine
Verbesserung in den Bereichen:**
(Mehrfachnennungen sind möglich)

☐ Zeitersparnis
☐ Erhöhung des persönlichen Wohlbefindens
☐ Kosten/Geldersparnis
☐ Umweltfreundlichkeit
☐ USP
☐ Kundenzufriedenheit

Priorität [A] [B] [C]

Kostenschätzung: ca. ....

One to one Marketing:
Die kleinen Schrullen und besonderen
Vorlieben unserer Stammgäste und
solcher, die es werden wollen:
Name: ....

Seine/Ihre Eigenheiten:

....

....

....

Datum: ....

Ersteller: ....

Leistungsbereich: ....

umgesetzt am ....

GLOW & Tingle

Ideenblatt   © by Klaus Kobjoll Seminar

Vielleicht erinnern Sie sich: Jeder Mitarbeiter muss mindestens
ein Ideenblatt pro Monat schriftlich abgeben. Und jetzt steht meistens auf dem Ideenblatt noch eine Kleinigkeit drauf, die jemandem
aufgefallen ist. Der eine Managementtrainer will da vorne im Seminarraum immer eine Blume haben. Der andere will Mineralwasser
ohne Kohlensäure.

Bei unseren Stammkunden wissen wir ganz genau, was ihre
Lieblingssorte ist. Zu Beginn hatten wir noch nicht unser CRM-
Tool und haben alles mit der Hand aufgeschrieben, und zwar auf la-
minierte DIN-A4-Blätter. Die lagen dann zum Beispiel hinter der
Bar, und der Barmann hat die Besonderheiten bestimmter Stammgäste abgehakt. Heute werden diese Notizen leistungsbereichsweise
in der Datenbank gespeichert. Wir können so bei jedem Kunden
berücksichtigen, welche Eigenheiten er im Hotel, im Bankett- oder

im Tagungsbereich hat und können individuell auf diese Dinge eingehen.

Ein bisschen vorsichtig muss man natürlich bei den Fotos sein. Denn ein Hotel ist immer auch ein Förderer der Liebe. Wir haben einige Kunden, die kommen einmal mit der Ehefrau, das andere Mal mit der Freundin. Da kann man natürlich nicht sagen: «Weil es gerade so günstig ist, brauchen wir jetzt ein kleines Farbfoto.» Aber in den meisten Fällen ist es überhaupt kein Problem.

Übertragen wir das jetzt einmal auf andere Branchen. Es soll tatsächlich noch Friseure geben, wo der Meister, wenn der Lehrling die Haare gewaschen hat und alles wegsteht, an den Platz kommt und erst einmal fragt: «Tragen Sie den Scheitel links oder rechts?»

Wir akzeptieren nicht mehr, dass wir in unserer Lieblingsmetzgerei weiterhin die Art der Bestellung detailliert angeben müssen: Rumpsteak mit Fettrand, Leberkäse am Stück, Parmaschinken bitte hauchdünn geschnitten. Das müssten die doch längst wissen. Der Bäcker sollte doch wissen, ob ein Kunde immer ein frisches Brot kauft oder eines vom Vortag, weil er das frisch gebackene nicht verträgt. Warum müssen wir diese Sachen immer wieder erzählen?

Die kleinen Betriebe haben diesen Service schon immer hingekriegt. Die Kunst in der Dienstleistung wird in Zukunft darin bestehen, dass relativ große Outlets so etwas in Zukunft auch schaffen. Wir haben in etwa 110 000 Kunden im Jahr, da schaffen Sie das nicht mehr mit den guten alten Karteikarten. Da brauchen Sie eben eine entsprechende elektronische Unterstützung. Aber wir gehen noch einen Schritt weiter.

Wenn wir sehr prominente Kunden haben, die sich das erste Mal bei uns angemeldet haben, dann surfen wir kurz im Internet und schauen auf die Homepage, ob es dort nicht irgendein Bild von demjenigen gibt. Dann wird das Foto ausgedruckt und hängt an der Rezeption hinter den Kulissen und im Frühstücksbereich. Und da gibt es Leute, die kommen zum ersten Mal zu uns herein und werden überall, wo sie hinkommen, mit Namen angesprochen. Die verstehen die Welt nicht mehr, weil wir uns eben irgendwo auf Ihrer Homepage ein Foto organisiert haben.

Das, was ich Ihnen hier gezeigt habe, können wir nicht mit jedem machen, sondern nur mit unseren Key-Accounts, also den Schlüsselkunden. Ich kann heute per Mausklick feststellen, wie viel Umsatz ich mit welchem Kunden bis einschließlich gestern gemacht habe – und zwar abteilungsweise.

Und da gab es doch diesen schlauen Italiener Vilfredo Pareto, einen der wichtigsten Volkswirtschafter und Soziologen, der im 19. Jahrhundert herausgefunden hat, dass 20 Prozent der italienischen Bevölkerung 80 Prozent des italienischen Volksvermögens besitzen. Dieses nach ihm benannte Pareto-Prinzip können Sie auf alles anwenden. Sie machen mit 20 Prozent Ihrer Kunden 80 Prozent Ihres Umsatzes, mit 20 Prozent Ihrer Lieferanten 80 Prozent Ihres Lagers voll. 20 Prozent Ihrer Mitarbeiter generieren 80 Prozent Ihres Krankenstands (selbst da stimmt es). Und in 20 Prozent Ihrer Zeit bringen Sie 80 Prozent aller Ergebnisse. Bei uns ist das nicht anders. Mit den Top 20 unserer Kunden haben wir schon über die Hälfte vom Umsatz im Sack. Auf Platz 20 geht es im Hotel noch um 18 000 Euro Jahresumsatz und das in acht Monaten. Auf Platz 71 sind es noch zwei Übernachtungen. Aber da muss ich nicht wissen, ob der Gast Kaffee oder Tee zum Frühstück trinkt. Oder ob das First Flush Darjeeling drei Minuten gezogen sein muss. Dafür müsste er schon ein bisschen öfter kommen.

Die dritte Stufe, die braucht nicht jede Branche, aber die Gastronomie auf alle Fälle. Die höchste Stufe von Freundschaft entsteht erst dann, wenn man sich sehr gut kennt, wenn bereits Nähe zugelassen wird. Wir haben etwa 30 oder 35 Kunden in dieser Kategorie. Im letzten Winter haben wir bei einem dieser Kunden nach der Anreise einen Holzzuber mit einem heißen Fuß-Sprudelbad «serviert». Da muss man sich schon gut kennen: Der hat acht Stunden im Auto gesessen und jetzt kommen wir mit dem Fußbad daher.

Ein anderes Beispiel: Die Hotelleiterin hängt abends an den

Badezimmerspiegel, wenn der Gast noch im Restaurant isst, einen gelben Post-it-Zettel, und da steht drauf: «Lieber Herr Sowieso, bitte Zähneputzen nicht vergessen!» Da muss man sich auch sehr gut kennen. Ein anderer denkt sich: Vielleicht habe ich Mundgeruch, wenn die mir so einen Zettel schreiben.

Und im privaten Bereich ist es ja genau so. Wenn man sich wirklich sehr gut kennt, dann wird der Humor auch ein bisschen deftiger. Eine kleinere Variante wäre da zum Beispiel ein Zettel an der Minibar, wo draufsteht: «Das erste Bier geht auf mich, Prost!» Da freut sich einer, den man sehr gut kennt.

Wozu ist das gut? Ich schreibe im Jahreszielplan 2006, an die Adresse der Mitarbeiter gerichtet: «Ich bin mir bewusst, dass wir mit Dienstleistung kein Geld mehr verdienen können.» Das sage ich als Dienstleister. Ja, womit denn dann? Ich habe am Beispiel der Wertschöpfungskette Kaffee dargestellt, was gemeint ist.

Der arme Bauer, der in Ecuador den Kaffee anpflanzt, verdient pro Pfund Kaffee vielleicht einen oder zwei Cent. Das ist die größte Ungerechtigkeit auf der Welt, dass die Menschen, welche die meiste Arbeit haben, am wenigsten verdienen.

Jetzt kommt unser Kaffee im Supermarkt ins Regal. Der Händler verdient pro Pfund Kaffee 10 bis 15 Cent, das Zehnfache am Pfund.

Und dann kommt unser Kaffee in die Gastronomie, in die Dienstleistung. Eine bekannte Kaffeehaus-Kette verdient fünf Dollar am Pfund Kaffee. Und hier ist jetzt eigentlich Schluss mit der Wertschöpfungskette. Aber wir sagen: Nein, es geht noch zwei Stufen weiter.

Wir sind alle schon mal auf den Champs-Elysées in Paris gesessen, oder in der Via Veneto in Rom und haben 8 Euro für einen Kaffee bezahlt. Wir hätten auch 10 Euro bezahlt. Denn dort geht es gar nicht um Kaffee, sondern darum, Leute zu beobachten (Was ist die Modefarbe des Nachmittags? Welche Handtasche wird zurzeit am meisten spazieren getragen?). Es kommt also ein Erlebnis hinzu.

Das könnte aber auch der Kaffee sein mit dem Blick auf das Matterhorn oder auf den Sonnenuntergang am Mittelmeer. Auch da geht es in erster Linie nicht um den Kaffee. Es geht um ein Erlebnis.

Jetzt habe ich natürlich das Problem, dass bei uns in Nürnberg, in Boxdorf, da draußen an der Hauptstraße, mit Bird-Watching nichts zu machen ist. Da wir also mit der Landschaft kein Erlebnis bieten können, müssen wir schauen, dass wir von der Gastronomie zur Gastfreundschaft kommen. Und alles, was ich die letzten Minuten aufgezeigt habe, ist nichts anderes als die Frage: «Wie baue ich Kundenfreundschaften noch weiter aus?» Und zwar so, dass sie fast schon einen privaten Charakter haben – um diese Wertschöpfungskette noch einmal zu erhöhen. Um noch einen höheren Preis verlangen zu können, weil noch einmal ein Stück mehr Emotion dazukommt.

Die allerhöchste Stufe der Wertschöpfungskette lautet Erlebnis plus Lernen. Ein paar Beispiele: Wir sind Sommer wie Winter immer im Engadin im Urlaub. Letztes Jahr im Winter habe ich von einem kleinen Uhrengeschäft eine Einladung zu einem Erlebnis plus Lernen bekommen. Zunächst gab es einen Apéritif, danach einen IWC-Uhrmacherkurs und anschließend ein 14-Gang-Menü im Hotel Kulm in St. Moritz. Da waren in einem großen Bankettraum 15 Uhrmachertische aufgebaut, die die IWC aus Schaffhausen angeliefert hatte. Vor jedem Gast lag ein tickendes Taschen-Uhrwerk Kaliber 972. Vorne saß ein Uhrmachermeister und hat das Kaliber auf eine große Leinwand projiziert. Und dann haben wir das Uhrwerk teilzerlegt und dann wieder zusammengebaut. Schließlich hat es wieder getickt.

Meine Frau ist kein Uhren-Freak, aber sie hat sich da eine IWC gekauft, und die hat sie jeden Tag an. Weil plötzlich etwas dazugekommen ist: «Mein Gott, ich habe ja gar nicht gewusst, dass in einer Uhr so ein Wunderwerk ist!» Und dass ich ein Uhrwerk zerlegen und wieder zusammenbauen kann, und das tickt wieder, das hätte ich mir nicht vorstellen können. Erlebnis plus Lernen.

Unser BMW-Händler lud letztes Jahr nur Damen zu einem Event im Winter ein. Dort haben die Damen nicht nur Champagner getrunken, sondern gelernt, Schneeketten aufzuziehen(!). Erlebnis plus Lernen.

Ich habe noch weitere Beispiele: Wenn Sie mal wieder eine Tafel Lindt-Schokolade öffnen, werden Sie gleichzeitig vor dem Essen der Schokolade zum Schokoladen-Connaisseur ausgebildet. Der Karton ist nämlich beidseitig bedruckt. Ich lese: Ideale Raumtemperatur 20 °C, vorher nicht rauchen, keine stark gewürzten Speisen essen, milden Tee oder Mineralwasser bereitstellen.

Auf diese Weise werden alle Sinne angesprochen. Sie schauen sich erst einmal die Schokolade an. Wie hoch glänzend ist die Oberfläche, wie feinporig ist sie? Sie ertasten die Oberfläche. Sie brechen die Schokolade am Ohr. Der Klang hat etwas zu tun mit der Qualität der Schokolade. Dann schnuppern Sie sie an. Ist es wirklich Tahiti-Bourbon-Vanille, oder ist es nur ein beliebiger Vanille-Extrakt? Und am Schluss schieben Sie das Stück zwischen die Zähne.

Spüren Sie den Unterschied? Sie haben plötzlich zu dem Essgenuß noch ein Erlebnis. Sie lernen gleichzeitig noch etwas dabei. Und das ist einfach die höchste Stufe der Wertschöpfungskette.

Wir waren kürzlich zum Essen bei einem Fernsehkoch in Wirsberg, bei Alexander Herman. Und bei einem Gang hat er vor uns Tischaufsteller, fast wie ein Namensschild, aufgestellt. Da waren vier Kartoffelsorten aus dem 19. Jahrhundert abgebildet. Und ein paar Minuten später kam das Hauptgericht. Diese vier alten Kartoffelnsorten waren um den Teller herum im Halbkreis angeordnet, in der gleichen Reihenfolge wie auf der Bildvorlage. Ich habe in meinem ganzen Leben noch nicht mit so viel Genuss vier halbe Kartoffeln gegessen.

Sie haben das Bild vor Augen; dann probieren Sie; dann steht da irgend etwas von 1848, von festkochend, was immer das für ein Geschmack ist beziehungsweise wofür sich die Sorte eignet. Sie lernen etwas dabei.

Eigentlich sind das keine neuen Erkenntnisse. Das kennen wir alle aus unserer Kindheit. Wenn wir zum Beispiel einen Waldlehrpfad angeschaut haben, sind wir da zwischen den Bächen umhergesprungen und haben gleichzeitig gelernt, wo welcher Vogel wohnt und welcher Baum seine Blätter abwirft und welcher nicht.

Wir haben uns dann überlegt: Wenn das die höchste Stufe der Wertschöpfungskette ist, was könnte denn das für uns bedeuten? In der Folge haben wir dann hier im Schindlerhof einen Service-Lehrpfad entwickelt, analog einem Waldlehrpfad. An der Rezeption gibt es einen Wegweiser, da sind zwölf bis dreizehn Stelen eingezeichnet, die auf dem Gelände verteilt sind, alles zweisprachig. Jetzt kann der klassische Geschäftsmann, der früh um 9 Uhr oder um 8 auscheckt und noch 15 Minuten auf das Taxi wartet, sagen: «Das letzte Mal habe ich mir Station eins und zwei angesehen, jetzt schaue ist mir Station drei und vier an!» Und dann zieht er sich wieder ein bisschen Lehrstoff zum Thema Servicequalität rein. Und dann reist er wieder ab.

Diesen Service-Lehrpfad haben wir kürzlich zusammen mit Guido Westerwelle eröffnet, einmal, weil wir liberal sind, und zweitens, weil man natürlich immer ein Zugpferd braucht, um draußen überhaupt Presseresonanz zu erzeugen. Er hat mit uns dann das Band zerschnitten. Gleichzeitig haben wir ein Fundraising-Dinner veranstaltet, zu dem wir die ganze *Hautevolee* aus unserer Gegend eingeladen haben. Und alle haben noch kräftig dafür gelöhnt. Aber dafür durften sie im Anschluss daran mit Guido Westerwelle ein paar Stunden im kleinen Kreis diskutieren.

Und schon wieder haben wir ein neues Tool, um unsere Wettbewerbsvorteile weiter auszubauen. Das ist die Grundfrage für jede Branche: Was könnte diese oberste Wertschöpfungskette, Erlebnis plus Lernen, für das eigene Hause bedeuten?

Man muss einfach etwas überlegen. Wie viele junge Leute lassen sich heute die Trauringe nicht mehr anfertigen, sondern gehen zum Goldschmied und hämmern da selbst ein bisschen herum, weil sie das einfach selber mitgestalten wollen. Das ist eine viel stärkere emotionale Bindung. Ich habe das auch gemacht. Es gibt so viele Möglichkeiten, Erlebnis plus Lernen zu kreieren.

BMW macht auch so etwas. Ich habe einen M5, der normalerweise bei 250 km/h abgeregelt ist. Ich habe das Steuergerät aufmachen lassen; jetzt läuft er 310 km/h. Und dieses Steuergerät wird nur aufgemacht, wenn Sie gleichzeitig bei BMW einen Fahrerlehrgang buchen. Ich war dafür am Nürburgring. Vor mir fuhr eine Rallye-Meisterin auf der Ideallinie. Ich hätte niemals im Leben geglaubt, das ich so schnell hinterherkomme. Aber wenn einer die Ideallinie vorgibt, dann geht das, und ich habe vor allen Dingen gelernt, dass dieses Auto ganz andere Dinge kann als jedes andere Auto, was ich jemals unterm Hintern hatte.

Und plötzlich hat man eine ganz andere Beziehung zu dem Auto, wenn man einmal einen Tag auf so einem Ring herumgeheizt ist. So würde ich, wenn ich Autohändler wäre, meine Autos verkaufen. Ich würde mir so eine Rennstrecke mieten, würde mit potenziellen Kunden heizen, und die würden mir die Kisten hinterher aus der Hand reißen.

Und da gibt es viele Beispiele, wie man das machen kann. Wir haben uns diese Wort-Bild-Marke «Wa(h)re Herzlichkeit» auch ganz bewusst schützen lassen. Ich habe eingangs auch schon darauf hingewiesen. Herzlichkeit ist heute ein Produkt, das der Kunde fordert. Und gleichzeitig muss es echt sein. Es ist eine *Ware*, ein Produkt und gleichzeitig *wahr* mit «h».

Es muss echt sein, sonst wären wir in den USA. In Amerika kommt man im Normalfall mit dem Service-Design aus. Die Amerikaner sind vielleicht etwas *easier to please* als die Europäer. Vielleicht haben Sie schon einmal die Erfahrung gemacht, wenn Sie in New York in einem tollen Restaurant sitzen, und dann kommt die junge hübsche Dame aus dem Service auf Sie zu und sagt: «Mein Name ist Jane. I am your waitress for tonight. We will have a wonderful night together …» Wehe, Sie glauben es! Das sagt die am Nebentisch gleich

Wettbewerbsdifferenzierung durch Servicequalität

Hohe Servicequalität erfordert begeisterte Mitarbeiter

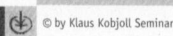
wieder und sagt das fünfmal nacheinander, wenn Sie fünfmal zum Essen gehen. Aber viele Amerikaner freuen sich immer noch. Das ist aber doch bitte nicht ernst gemeint. Das ist nur Service-Design.

Ich glaube, dass wir hier in Europa einen Tick tiefer gehen müssen. Bei uns muss herüberkommen, dass es von Herzen und von innen kommt und nicht nur aufgesetzt ist. Das wird bei uns eben sehr schnell durchschaut.

Der letzte Satz, in unserem Jahreszielplan, auch wieder an die Adresse der Mitarbeiter, lautet: «Wer die Kernkompetenz unseres Unternehmens nicht liebt, blockiert dessen Herz.» Stellen Sie in Ihren Unternehmen sicher, was Ihre Kernkompetenz ist. Und stellen Sie klar, dass jeder Mitarbeiter diese Kernkompetenz auch kennt.

Wir haben bewusst das Wort Liebe gewählt. Wenn du dein Geschäft und deine Kunden nicht liebst, dann ist die Gefahr des unternehmerischen Herzinfarkts sehr groß. Denn wo wollen wir uns in diesem Verdrängungswettbewerb denn noch großartig unterscheiden? Ich kann mich über die Produkte kaum unterscheiden. Über die Preise kann ich es mir nicht leisten, über die Hardware geht es auch nicht.

Also was bleibt übrig? Kernkompetenz «Herzlichkeit», die wirklich von innen kommt. Und damit fahren wir in den letzten 21 Jahren nicht schlecht. Ich bin mir sehr sicher, dass das auch in Zukunft so bleiben wird! Können Sie sich das bei sich vorstellen? Bei der Servicequalität so weit zu gehen, dass Sie die Schrullen der Kunden kennen?

Wir machen ab und zu einen Jour fixe beim Steuerberater, nicht bei uns, sondern in der Kanzlei. Und ich bin ja sehr verfressen, wie Sie sehen. Bei ihm lagen immer Kekse und Schokokekse zum Kaffee. Als ich das letzte Mal bei ihm zum Jour fixe war, gab es keine Kekse. Ich fragte: «Warum gibt es denn heute keine Kekse?»

«Schauen Sie sich doch mal die Mädels an», antwortete er, «die werden immer dicker. Die meisten essen wir nämlich selber. Und jetzt haben wir sie abgeschafft.»

Da habe ich gesagt : «Nun gut.»

Beim nächsten Jour fixe, als ich wieder dort war, standen wieder meine Schokokekse vor mir. Daraufhin habe ich extra gefragt: «Wollt ihr wieder dicker werden?»

Antwort: «Nein, wir wussten doch, dass Sie die so gerne haben. Jetzt haben wir heute jemanden geschickt, der hat das für Sie besorgt.»

Genau das sind diese Kleinigkeiten, die ich meine. Und wenn ich jetzt nicht nachgefragt hätte, wäre diese Kulanz im Kleinen trotzdem bei mir angekommen. Und unser Steuerberater ist nicht der Billigste.

Ich bin mir sicher, dass es heute keiner mehr über den Preis schaffen kann. Ich habe gerade noch in der Zeitung gelesen, dass eine große Modehauskette, vor allem hier in Bayern ansässig, zwei Jahre lang versuchte, beim Preisdumping mitzumachen, und zwei Jahre lang rote Zahlen schrieb. Und jetzt lese ich, dass sie wieder auf

Service setzen. Wenn Sie dahin gehen, werden Sie eingescannt; Sie bekommen Ihren Maßanzug, *customized Mass Produced.* Man setzt wieder mehr auf Marken und nicht mehr nur auf den Preis.

Das Unternehmen ist sich sicher, dass es damit sofort wieder schwarze Zahlen schreibt. Das hätte ich denen vorher auch schon sagen können. Da hätte ich nicht zwei Jahre lang erst über den Preis probieren müssen. Das lohnt nicht.

Bauen Sie Servicequalität zu Hause aus, zu Ihrem Wettbewerbsvorteil Nummer eins! Das muss bedeuten: Wenn Ihr Name irgendwo im Kundenkreis fällt, dann muss sofort klar sein, dass das die mit den freundlichsten Mitarbeitern sind: «Das sind die, da kannst du schlecht gelaunt reingehen, und du gehst immer besser gelaunt wieder raus als wie du rein bist.» Bringen Sie das in Verbindung mit Ihren guten Basis-Fähigkeiten.

Mit den normalen Leistungen erfüllen Sie die Erwartungsqualität; da brauchen wir gar nicht drüber reden. Aber jetzt kommts: dieses i-Tüpfelchen draufgesetzt – die mit den freundlichsten Mitarbeitern.

Das Ergebnis wird sein: unschlagbar! Da lege ich meine Hand ins Feuer. Allerdings müssen Sie konsequent sein. Sie dürfen noch nicht einmal einen launischen Menschen in einem Team von 100 Leuten dulden. Der hat nämlich immer gerade Dienst, wenn der schwierigste Kunde anruft oder wenn irgendeine Reklamation passiert. Da macht genau einer alles kaputt, was 100 Leute das ganze Jahr über versuchen aufzubauen.

Und dann sollten Sie, je nach Branche, dem Trend «Individualisierung» Rechnung tragen, entweder, wenn Sie etwas produzieren, mit *customized mass production* oder mit *one-to-one-relations.*

Ich habe vor etwa zwölf Jahren bei einer Studienreise in New York auf der Fifth Avenue einen Jeansladen von Levis mit einem Schild im Fenster gesehen, und da stand drauf – damals wurde man noch nicht eingescannt: «Wenn Sie unser Jeansgeschäft betreten, wird eine gelernte Schneiderin bei Ihnen Maß nehmen.» Also

Hüfte, Taille, Schrittlänge, Oberschenkel und so weiter. Und man bekam für ein paar Dollar Aufpreis eine maßgeschneiderte Levis 501. Das war der Beginn von *customized mass production.*

Heute gehen Sie ins Kaufhaus Breuninger, laufen durch einen in etwa ein Meter langen Gang, werden von allen Seiten eingescannt, und dann bekommen Sie Ihren Maßanzug für ein paar Euro Aufpreis. Man muss nicht mehr nach London, um sich für tausende von Pfund seine Maßanzüge machen zu lassen. Dann sind zwar alle guten Anzüge letzten Endes auch Massenproduktion, aber *customized!*

Und jetzt schauen Sie sich um, in wie vielen Branchen das heute bereits der Fall ist. Ich habe ein Seminar in Oxford gehalten, bin in der Mittagspause spazieren gegangen und habe dann abseits der High Street, also in einer Nebenstraße, ein minikleines Schuhgeschäft gefunden. Hätten Sie geglaubt, dass so ein kleines Schuhgeschäft in der Provinz überhaupt eine Chance hat zu überleben? Oxford ist ein Sechstel von Stuttgart.

Und genau in diesen Laden bin ich rein. Dort hat der Verkäufer meinen Fuß vermessen, wie bei einem Pferd der Hufschmied. Dann hat er mir ein Fotoalbum mit nach Hause gegeben. Und in dem Fotoalbum waren etwa 42 Schuhe abgebildet. Meine Maße hatte er in seinem Computer registriert. Und am Ende des Fotoalbums lag dann noch ein Zettel mit seinen 42 Modellen.

Wenn ich mir jetzt Schuhe bestellen will, dann rufe ich da an. Dann hebt er ab, sagt: «Ah Mr. Kobjoll, how is your hotel going? Nice to hear you again.»

Ich gebe ihm nur die Nummern 17, 21 und 36 durch. Und dann habe ich zwei Wochen später drei paar maßgeschneiderte Schuhe, die außerdem noch billiger sind als ein guter Rahmengenähter von Alden oder was es sonst noch an guten Firmen gibt. Das ist *customized mass production.*

Wenn Sie sich heute ein Fahrrad kaufen, brauchen Sie mindestens ein Wochenende, um sich darüber Gedanken machen zu können, ob der Sattel für Männer oder für Frauen ist. Gel-Polster, Alcantara oder Wildleder, Rahmenmaterial, Rahmenhöhe, Shimano-Anbauteile, Hydraulikbremsen, Scheibenbremsen, was auch immer.

Die wirklich guten Räder werden jetzt schon individuell angepasst, so dass der Rahmen maßgefertigt wird. Bei manchen Sportautos können Sie auch probesitzen, und dann wird der Abstand zur Kupplung genau eingestellt, wie bei Lamborghini. Und nur in diese Richtung läuft es, und bei Autos besonders.

Ich zeige Ihnen da einmal ein extremes Beispiel: Ich habe immer ein Sommerauto in der Garage stehen, das hatte früher acht Jahre Lieferzeit. Heute dauert es nicht mehr so lang. Kurz bevor es ausgeliefert wird, wird es dann hektisch. Ein halbes Jahr vorher rufen die aus England an, und dann muss ich einige Entscheidungen treffen.

Der Rahmen ist natürlich immer noch aus Eschenholz, so wie es sich gehört: *coach-built*. Dann wollen sie wissen, ob ich das Chassis galvanisiert haben will oder nur *powder-coated*, also pulverbeschichtet. Dann muss ich mich entscheiden, welche Räder ich will. 60 Speichen oder 72 Speichen? Die Speichen in Wagenfarbe oder Dunlop-verchromt? Dann möchten sie wissen, wie sie die Karosserie bauen sollen. Aus Aluminium oder aus Stahl? Dann muss ich mich für eine von 35 000 Außenfarben entscheiden: der gesamte Acryllic-Range der Welt. Da gibt es nicht ein British-Racing-Green, sondern 150 verschiedene.

Dann geht es beim Leder innen weiter: 150 Lederfarben. Conolly in zwei Grades, also in zwei Qualitätsstufen. Jedes Instrument wird separat besprochen: «Wo möchten Sie den Drehzahlmesser?» Direkt in der Mitte, vor den Augen, oder etwas mehr an der Seite? Der Klang vom Auspuff wird besprochen. Und das letzte Foto zeigt dann das Fahrzeug in der Auslieferungshalle, bevor es exportiert wird. Und das ist immer vom Inhaber der Firma unterschrieben.

Die Firma baut seit 1909 Autos und hat noch nie rote Zahlen geschrieben. Und wir haben mit denen noch nie geredet über irgendwelche Rabatte. So etwas gibt es dort nicht. Und zur Inspektion kommt aus Unna bei Dortmund der Monteur angeflogen, nimmt das Auto mit und liefert es eine Woche später in einer geschlossenen Kiste wieder aus, damit es nicht nass wird, wenn er es liefert.

Und dann fährt er wieder mit seinem leeren Hänger zurück. Das ist Servicequalität und gleichzeitig *customized mass production!* Und wenn ich so ein Auto nach zehn Jahren verkaufe, dann erhalte ich immer mehr als den Neupreis. Das nur am Rande.

Das letzte Beispiel zum Thema: Die Individualisierung geht heute so weit, dass sich die Leute ihre Kaffeetasse aussuchen, aus der sie jetzt am liebsten ihren Cappuccino trinken. Und es muss natürlich jeder für sich überlegen: Was bedeutet das für mich?

Wenn ich mir in einem Friseursalon so etwas vorstelle…Gigantisch. Wir reden nicht über das Haareschneiden; die Kunden setzen voraus, dass der Friseur das kann. Aber worüber redet man? Nicht, dass es bei Ihnen nur einen Kaffee gibt – den gibt es mittlerweile bei fast jedem Friseur –, sondern dass Sie Ihre Tasse aus dem kompletten Rosenthal-Studioline-Design selbst auswählen können!

Führung

Ein ernstes Thema: Führung. Führung bleibt uns nicht erspart. Und Führung beginnt immer bei mir selbst. Ich kann nur mich selbst führen. Bei Führung geht es immer um Selbstdisziplin und Vorbildfunktion. Leider Gottes hat in unserer Gesellschaft, zumindest in Deutschland, das Wort Arbeit einen unangenehmen Beigeschmack. In Baden-Württemberg würde man sagen: «Es hat ein Gschmäckle.» Es hat *haut goût,* also es stinkt wie ein rauschiger Keiler in der Garage.

Und das Erste, was wir mit unseren Lehrlingen machen, dass wir ihnen herüberbringen, was denn Arbeit überhaupt will. Arbeit hat im Wesentlichen drei Funktionen zu erfüllen:

1. Es gibt jedem Teammitglied die Möglichkeit, seine Fähigkeiten voll zu nutzen und zu entwickeln. Nur bei der Arbeit kann ein Mensch seine Fähigkeiten entwickeln und einbringen.

2. Nur die Arbeit ermöglicht es einem Menschen, seinen angeborenen Egoismus zu überwinden, indem er nämlich zusammen mit anderen eine Aufgabe angeht.

Sie können das selbst bei einem Egozentriker wie Oliver Kahn sehen, der zumindest in den 90 Minuten, in denen gespielt wird, seinen angeborenen Egoismus zurückstellen und mit den anderen die Aufgabe angehen muss, dieses Spiel zu gewinnen. Das ist die zweite Funktion der Arbeit.

2. Ganz simpel: Arbeit erzeugt die Produkte und Dienstleistungen, die wir alle zu einem angemessenen Leben benötigen. Kein

Supermarkt, und der Kühlschrank ist leer. Wenn es keine Apotheken gäbe, keinen Holzhandel, keine Versicherungen, keine Hotels, säßen wir noch auf der Krume und würden Beeren suchen. Für unser Leben brauchen wir die Leistungen der Arbeit.

Es gibt in unserer Gesellschaft eine relativ große Gruppe an Menschen, die sagt: «Wir arbeiten eigentlich nur, um unser privates Leben erfüllen zu können.»

Diese Menschen machen natürlich einen großen Fehler, weil sie 220 Tage im Jahr aneinander vorbeilaufen, praktisch neben dem Leben leben. Wenn ich aber einen Spaß dabei habe und einen Sinn darin sehe zu arbeiten, dann sieht es schon gleich ganz anders aus.

Ich glaube, es war Professor Viktor Frankl, der Entwickler der Logotherapie, der sagte: «Nur die Arbeit ermöglicht es dem Menschen, Einzigartigkeit und Einmaligkeit zum Ausdruck zu bringen. Mit anderen und für andere. Es gibt auf dieser Welt keinen zweiten Kontext, wo sie den Menschen einzigartig und einmalig machen kann, außer bei der Arbeit.»

Jetzt könnte man wieder diskutieren und widersprechen: «Stimmt nicht, in einer Familie kann sich auch jemand einzigartig machen.» Na klar: Die Frau, die die Familie zusammenhält und noch fünf Kinder, macht sich einzigartig durch Arbeit.

Oder im Sport geht es doch auch. Es ist klar, dass im Spitzensport sich jemand einzigartig macht, indem er viel, viel trainiert, um auf diese Weise seine Spitzenleistung zu erzielen.

Aber bitte keine Trugschlüsse. In diesem Fall ist Leistung nur ein anderes Wort für Arbeit. Es gibt keinen zweiten Kontext außer der Arbeit. Und der Wille zum Sinn bestimmt nun einmal unser Leben. Und was von uns allen tagtäglich verlangt wird, nämlich Menschen zu motivieren.

Wer Menschen motivieren will und Leistungen abfordert, muss Sinnmöglichkeiten bieten. Ich hoffe, dass Reinhard Sprenger nicht Recht hat, wenn er sagt, dass vier von fünf Führungskräften nicht in der Lage sind, den Job zu machen, für den sie bezahlt werden, nämlich Rahmenbedingungen für hohe Mitarbeiterleistungen zu schaffen.

Vergleichen Sie es bitte wieder mit dem Sport. Es ist doch merkwürdig: Wenn eine Mannschaft schlecht spielt, wird der Trainer ausgetauscht, und schwuppdiwupp spielt sie wieder gut. Der Trainer spielt nicht mit; der rennt ja nicht in den Strafraum hinein, wenn es brenzlig wird. Der steht nur außen am Spielfeldrand.

Und trotzdem hat er einen gigantischen Einfluss auf die Qualität der Spieler und des Spiels. Und die Aufgabe eines Trainers wie einer Führungskraft ist nichts anderes, als Spitzenleistungen aus den Leuten herauszukitzeln, damit die Leistung des Teams hoch bleibt, damit Endorphine produziert werden, damit die Truppe nicht so vor sich hinplätschert wie Richard Clayderman.

In der Führung machen wir immer wieder die gleichen Fehler, ich auch: Chef gibt gewünschte Veränderung bekannt, betont die Vorteile, beantwortet eventuell noch ein paar Fragen, verschwindet wieder, steht aber sofort auf der Matte, wenn sich zu wenig tut. Dann geht es gleich wieder los mit Drohungen und Sanktionen.

So kann natürlich kein Vertrauen entstehen. Und seien Sie sich dessen immer bewusst: *Verheizte Menschen geben keine Wärme.* Und überall da, wo es um die Servicequalität geht, geht es um Wärme.

Jetzt müssen wir aber differenzieren: Man verheizt niemanden, wenn er 50 Stunden in der Woche arbeitet. Da ist er ja gerade erst warm gelaufen. Man «verheizt» Menschen nur, wenn man sie schlecht behandelt, wenn man sie schlecht führt oder wenn man sie verletzt. Das ist damit gemeint.

Im Schindlerhof wurde im Jahr 1999 von unseren Führungskräften und einigen Mitarbeitern ohne mein Zutun (ich war nicht dabei) schriftlich fixiert: Wie wollen wir denn eigentlich geführt werden?

Wie wollen wir überhaupt miteinander umgehen? Wir haben das ganze dann «Führungsgrundsätze» genannt. Sie hängen mittler-

1. **Wir sind begeisterungsfähig mit Lust auf Leistung.**

2. **Wir zeigen Herzlichkeit aus innerer Überzeugung und pflegen einen liebevollen Umgang mit internen und externen Kunden.**

3. **Wir arbeiten mit klaren und für alle Beteiligten verständlichen Zielen.**

4. **Wir akzeptieren den Anderen und dessen Arbeitsweise (dies bedeutet Respekt ohne Hierarchie) im Rahmen unseres Wertesystems und unserer Ziele.**

GLOW & TIngIe

© by Klaus Kobjoll Seminar

weile in allen Büros, gerahmt und hinter den Kulissen. Sie sind intern eine Art BGB- Gesetzbuchersatz. Wenn sich einmal zwei streiten sollten, müssen sie eigentlich nur an die Wand schauen und können dort nachschauen, wer Recht hat. Das ist eindeutig damals so besprochen worden, dass das so und nicht anders gehandhabt wird. Und jetzt schauen wir uns einmal diese Führungsgrundsätze an; es sind nur neun kurze Sätze.

Das steht als Erstes: «Wir sind begeisterungsfähig mit Lust auf Leistung.»

Lust! Vor 20 Jahren haben Schindlerhof-Mitarbeiter in irgendeiner Fachzeitschrift einmal von sich gegeben, dass ihnen die Arbeit Spaß mache. Da wurden wir von manchen Kollegen fast schon in die Ecke einer Sekte gerückt. Kollegen sagten: «Das kann doch nicht mit rechten Dingen zugehen, dass ihnen das auch noch Spaß macht zu arbeiten.»

Gott sei Dank ist mittlerweile dieser Paradigmenwechsel, dieser Wertewechsel, quer durch die Gesellschaft vollzogen. Arbeit darf tatsächlich Freude machen. Über Spaß, da kann man streiten. Spaß passt nicht immer. Aber Freude und Stolz, das passt immer!

Es gibt einen von mir sehr geschätzten Professor an der Fachhochschule München, Professor Kleiber-Wurm. Er sagt, die Unternehmenslandschaft sei im Moment durch eine Bifurkation gekennzeichnet, eine Vergabelung. Auf der einen Seite befänden sich Unternehmen, die immer erfolgreicher werden, auf der anderen jene, die abstürzen. Und er ergänzt, es sei nur ein Buchstabe Unterschied zwischen den Gewinnern und den Verlierern. Hier ist es *Lust,* und dort ist es *Last.*

Er muss muss lustvoll sein, dieser hedonistische Anteil an der Arbeit, er wird immer wichtiger. Selbst in einer Apotheke. Auch in ernsten Berufen kann es toll sein, und man kann darauf stolz sein, was man tut.

Das hat mir sehr viel Spaß gemacht, dass die Schindlerhof-Crew Lust hat bei dem, was sie tut.

Der zweite Führungsgrundsatz lautet: «Wir zeigen Herzlichkeit aus innerer Überzeugung und pflegen einen liebevollen Umgang mit internen und externen Kunden.»

Hoppla, hier ist etwas Neues: Jetzt unterscheidet man in der Gastronomie offensichtlich schon zwischen internen und externen Kundenbeziehungen. Das war nicht immer der Fall.

Ein Beispiel: Chefärzte und Küchenchefs sind ja bekanntlich immer weiß gekleidet. Der Küchenchef ist immer die Primadonna eines Unternehmens. Ich habe mir sagen lassen, in Krankenhäusern sei es ähnlich. Die sind so ein bisschen Mimosen, die sind einfach schwierig. Und wenn ich meine Küchenchefs der letzten zwanzig Jahre so Revue passieren lasse, fällt mir etwas auf: Wenn sich ein Küchenchef über einen Kellner geärgert hat, dann hat er es ihm heimgezahlt. Denn interne Kundenbeziehungen gab es ja noch keine. Er machte zum Beispiel das Rechaud ein bisschen heißer und hatte dann Freude dabei hinauszuschauen, wie sich die armen Kellner die Finger verbrannten, wenn sie mit den heißen Tellern zum Tisch jonglierten.

Einen Künstler hatte ich, der es viel subtiler anstellte. Er tat etwas mehr Suppe in den Teller und noch etwas Petersilie obendrauf und sah dann zu, ob es der Kellner noch bis zum Tisch schaffte oder ob es vorher schon rausschwappte. Das war die subtile Form.

Heute gibt es am Pass zwischen Küche und Gastraum einen Suppenteller mit Eichstrich. Der Kellner bestimmt die Füllhöhe. Der Kellner bestimmt, wie heiß die Teller sind. Denn der Kellner ist der Kunde des Küchenchefs. Eine interne Kundenbeziehung.

Ich bin einmal in einer großen Firma vor einer Tür gestanden, da stand drauf: «Personalbüro». Und dann stand noch drunter: «Parteiverkehr Dienstag und Donnerstag 9:00 Uhr bis 11:00 Uhr, bitte anklopfen und einzeln eintreten.» Wenn ich jetzt als Angestellter in dem Laden in meiner Mittagspause eine Frage zu meiner Lohnsteuerkarte hätte, dann würde ich da jetzt zur Tür reingehen, ohne anzuklopfen, weil ich ja deren Kunde wäre. Die Leute könnten da gar nicht arbeiten, wenn sie mich nicht verwalten dürften.

Nehmen wir einmal eine der großen Supermarktketten. Wie wird denn mit kurzfristigen Bestellungen in der Logistik umgegangen? Wie sauber sind die Lkws? Ich habe etwas zu viel bestellt, das ich retournieren will, wird das anstandslos zurückgenommen? Wird auch individuell bei der Routenplanung auf meine Wünsche eingegangen? Das sind alles interne Kundenbeziehungen.

Die Zimmermädchen sind die Kunden der Rezeption. Sie liefern ihnen fertige Zimmer. Der Uhrmachermeister liefert an den Verkauf die revidierten Uhren oder was auch immer. Das sind interne Kundenbeziehungen. Dass die externen Kundenbeziehungen wichtig sind, das weiß heute jeder. Aber wenn es Knatsch gibt, dann findet er meist bei den internen statt.

Nächster Grundsatz: «Wir arbeiten mit klaren, für alle Beteiligten verständlichen Zielen».

Da werden wir nachher noch etwas in die Tiefe gehen. Abstrakte Betriebszahlen sind dafür noch nicht klar genug. Selbst mit einem Tagesumsatz kann noch keiner etwas anfangen. Das muss noch weiter auf erkennbare und überschaubare Größen heruntergebrochen werden.

Den nächsten Führungsgrundastz fand ich auch toll: «Wir akzeptieren den anderen und dessen Arbeitsweise (dies bedeutet Respekt ohne Hierarchie) im Rahmen unseres Wertesystems und unserer Ziele.»

Erinnern Sie sich noch an die Worte von Gerd Gerken? Menschen sind wie Steine: schrullig, kantig. Und sie dürfen so bleiben, wie sie sind. Wir akzeptieren den anderen mit seinen Schrullen und Kanten, eben so wie er ist – aber nur im Rahmen unseres Wertesystems und unsere Ziele. Damit sind beide Seiten schön austariert. Auf der einen Seite wird also der Respekt auf die Individualität ausgedrückt, und auf der anderen wird der gemeinsame Rahmen formuliert. Von einem bestimmten Punkt an brauchen wir Konformität.

Dann sagen die Mitarbeiter: «Wir erbringen eine überdurchschnittliche, professionelle Leistung, gefördert durch berufliche und persönliche Weiterbildung.»

Damit habe ich habe überhaupt kein Problem. Ich biete ja den Mitarbeitern wieder 37 Seminare in der Freizeit an, denn sie wollen es ja. Sie haben es ja von sich aus gesagt, dass sie überdurchschnittlich viel Weiterbildung wünschen, wenn sie schon überdurchschnittlich viel arbeiten.

Jetzt kommt das erste Lippenbekenntnis: «Wir haben die Fähigkeit zur Innovation und engagieren uns mit Lust und Freude an Veränderungen und laufenden Verbesserungen.»

Ich kenne niemanden, der sich über eine Veränderung freut, zuerst einmal heißt es fast immer: «Das haben wir noch nie so gemacht, das haben wir schon immer so gemacht, das ist doch gefährlich, das hat sich doch bewährt, *never change a winning team!*» Jeder

5. **Wir erbringen eine überdurchschnittliche, professionelle Leistung, gefördert durch berufliche und persönliche Weiterbildung.**

6. **Wir haben die Fähigkeit zu Innovation und engagieren uns mit Lust und Freude bei Veränderungen und laufenden Verbesserungen.**

7. **Wir fördern mit Selbstdisziplin eine Verantwortungsbalance**

   (= Verantwortung von Führung zu Führung
   – Verantwortung von Führung zum Mitarbeiter
   – Verantwortung von Mitarbeiter zu Mitarbeiter).

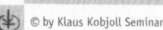
© by Klaus Kobjoll Seminar

hat eine andere Ausrede, wenn es um Veränderung geht. Aber immerhin steht die Absicht schon einmal an der Wand. Und wir können dann gegebenenfalls darauf deuten und sagen: «Mensch, stell dich nicht so an, so wollte es das Team ja.»

Dann wieder etwas Leichtes: «Wir fördern mit Selbstdisziplin eine Verantwortungsbalance.» Von Führungskraft zu Führungskraft, von Führungskraft zum Mitarbeiter, und eben auch von Mitarbeiter zu Mitarbeiter.

Den Menschen ist ja bewusst, dass es Hierarchieunterschiede gibt. Hierarchiedenken ist auch völlig in Ordnung. Was nicht in Ordnung ist, ist Hierarchieverhalten. Dass eine Führungskraft zu einem Lehrling sagt: «Was erlauben Sie sich, mit mir zu reden, ich bin Ihr Vorgesetzter.» Das ist Hierarchieverhalten.

Was ich auch aus diesen Satz herauslese, ist, dass Mitarbeiter auf den Tod nicht ausstehen können, wenn Führungskräfte nach oben buckeln und nach unten treten. Nach oben wird geschleimt,

8. **Wir gehen förderlich mit konstruktiver Kritik um.**
   Dies zeige wir durch Kritikbereitschaft und
   Krititikfähigkeit

9. **Wir gestalten unser Miteinander und Füreinander**
   klar und konsequent, offen und ehrlich.

und nach unten heißt es dann: «Mit dir muss ich mich nicht abgeben!»

Darum geht es also: Um eine Balance zwischen den einzelnen Hierarchiestufen.

Jetzt kommt das größte Lippenbekenntnis: «Wir gehen förderlich mit konstruktiver Kritik um. Wir zeigen das durch Kritikbereitschaft und Kritikfähigkeit.»

Ich bin jetzt seit 32 Jahren verheiratet. Und wenn mich meine Frau kritisiert, dann bin ich eine Woche lang tödlich beleidigt. Das hat sich nicht geändert. Und ich habe noch niemanden kennen gelernt, der sich wirklich über Kritik freut. Es gibt viele, die sich für die Kritik bedanken, sich insgeheim aber denken: «Du A…»

Das ist eine zutiefst menschliche Eigenschaft. Wir werden das später noch einmal behandeln. Wie gehe ich denn überhaupt in einer Situation in der Führung um, wenn ich kritisieren muss? Vielleicht gibt man einem Mitarbeiter einen anderen Job, und dann muss man ihn nur noch loben. Oftmals ist es ja so, dass man immer die gleichen Leute kritisieren muss, weil sie etwas tun müssen, was sie nicht gerne tun. Und was sie nicht gerne tun, tun sie auch nicht gut. Sie haben möglicherweise kein Talent dafür; dann könnte man dem eventuell einen anderen Job geben. Schwierig.

Der letzte Punkt wieder ganz einfach: «Wir gestalten unser

Miteinander und unser Füreinander klar, konsequent, offen und ehrlich.»

Mehr Sätze sind es nicht. Als meine Mitarbeiter das gemacht haben, kannten wir den Professor Fredmund Malik von der Universität St. Gallen noch nicht. Er hat sechs Führungsgrundsätze aufgestellt, die bei genauem Betrachten nicht viel anders sind als das, was wir in der Praxis entwickelt haben.

Der erste lautet: klare Ergebnisorientierung. Also da geht es um Zahlen. Jeder leistet einen Beitrag zum Ganzen. Der Musketier-Ansatz: Einer für alle, alle für einen. Konzentration auf weniges. Das kommt jetzt noch neu hinzu. Wir machen alle viel zu viel.

Weniger kann mehr sein. Stärken nutzen. Das sind eigentlich zwei Grundsätze. Einmal die Stärken des Unternehmens kennen und nutzen, aber auch die Stärken einzelner Mitarbeiter kennen und nutzen.

Dann geht es um Vertrauen: «Ein Mensch ist nur vertrauenswür-

6 Führungsgrundsätze:

nach Prof. Malik, Universität St. Gallen

1. Grundsatz:	Klare Ergebnisorientierung
2. Grundsatz:	Beitrag zum Ganzen leisten
3. Grundsatz:	Konzentration auf Weniges
4. Grundsatz:	Stärken nutzen
5. Grundsatz:	Vertrauen
6. Grundsatz:	Positiv denken

GlOW & TingIe

dig, wenn wir ihm vertrauen», sagte Tom Peters in den Siebzigerjahren. Und bitte vergessen Sie nie: Wir kommunizieren auch nonverbal. Sie müssen gar nicht zu jemandem sagen, dass Sie ihm nicht vertrauen. Sie können ihm sogar sagen: «Ich vertraue dir.» Aber er merkt sofort, ob es ernst gemeint ist, oder ob Sie nachts noch nachkontrollieren, ob er es wirklich richtig gemacht hat.

Und der letzte Grundsatz: positives Denken. Das hatten wir auch schon einmal.

Ich habe mich drangesetzt und zu den sechs Führungsgrundsätzen wie in so ein Schrankfach all das hineingelegt, was wir dazu zu sagen haben. Und im nächsten Schritt bin ich hergegangen und habe mich gefragt: Was passiert denn, wenn man einen Grundsatz zu sehr berücksichtigt oder vernachlässigt? Das sollten Sie zu Hause vielleicht auch einmal machen, dass Sie zusammentragen, was Sie dazu haben.

Da steht also im ersten Führungsgrundsatz: klare Ergebnisorientierung. Was haben wir da? Wir haben mittelfristige Ziele, einen Jahreszielplan, eine interne Betriebsbuchhaltung, wir messen eben auch die Zielkosten bei den Löhnen in den einzelnen Bereichen. Wir haben tägliche Soll-Ist-Vergleiche, ein ausgeklügeltes Berichtswesen und Reporting.

Wir arbeiten mit einer *Balanced Scorecard.* Und an ihr kann man vielleicht erklären, was klare Ergebnisorientierung bedeutet. In Wikipedia steht darüber: «Die Balanced Scorecard (abgekürzt BSC, engl. wörtl. Ausgewogener Berichtsbogen/ausgewogene Wertungsliste) erlaubt kennzahlenbasiert darzustellen, wie die Unternehmensstrategie, gemessen in finanziellen Ergebnissen, von meist drei anderen unternehmensinternen Voraussetzungen (Kundenansprache, Geschäftsprozessen und Mitarbeitern) abhängt. Daher stützt sich eine BSC immer auf ein Ursache-Wirkungs-Diagramm (BSC Map), in dem dargestellt wird, wie einzelne Maßnahmen auf der Kundenebene, der Prozessabbildung und der Mitarbeiterführung die Gesamtstrategie unterstützen.»

Kürzer gesagt ist es also ein zielorientiertes Führungsmittel mit Kennziffern. Aus den Grunddaten entwickeln sich Kaskaden von Konsequenzen, die in die Zielkarten der anderen Verantwortlichkeiten eingetragen werden.

Auf Ebene der Unternehmensführung stand vor zwei Jahren in meiner Karte darin, wir wollen 1 Prozent mehr Cash-flow. Das ist für die Mitarbeiter noch kein klares Ziel. Da kann kein Kellner etwas mit anfangen. Jetzt hat sich die Leiterin in ihrer Zielkarte des Restaurants Gedanken gemacht. Wenn der Alte 1 Prozent mehr Cash-flow will, was würde das für das Restaurant bedeuten?

Sie kam dann auf eine Idee und sagte: «Mensch, ich will meinen Getränkeanteil um 2 Prozent steigern. Von 36 auf 38 Prozent.» Getränke sind purer Deckungsbeitrag! Da kommt Geld in die Kasse, nicht bei den Speisen.

Jetzt ist es schon etwas klarer, aber der Kellner kann deswegen trotzdem noch nichts damit anfangen. Und die untersten Stufen dieser *Balanced Scorecard* sind die Aktionspläne. Im Aktionsplan für das Restaurant stand vor zwei Jahren drin: «Wir verkaufen täglich sechs Flaschen Veuve Cliquot Rosé.» Jetzt wurde es klarer! Nun kommen die Servicemitarbeiter zur Arbeit und sagen sich: «Sechs Flaschen, das haben wir uns vorgenommen. Heute sind es nur fünf, dann brauchen wir eben morgens sieben … Heute haben wir bereits acht, das heißt morgen brauchen wir nur vier.»

Am Ende des Monats haben wir immer den besten Kellner mit einer Magnumflasche ausgezeichnet. Und am Ende der Sommersaison durfte der beste Kellner auf Einladung von Veuve Cliquot nach Reims und drei Tage die Champagne genießen.

Eng damit verbunden ist eine andere Frage: Was passiert, wenn zu viel oder zu wenig vorkommt? Zu wenig Ergebnisorientierung bedeutet: Schwinden des Wohlbefindens, mangelnde Motivation, kein Erfolgserlebnis bei der Arbeit, weil es keine Messlatten gibt. Wir brauchen Messlatten. Unternehmen sind hochgradig gefährdet, wenn es keine Ergebnisorientierung gibt.

Zu viel davon ist auch gefährlich, Rücksichtslosigkeit sogar gegenüber dem Kunden. Die wichtigsten Dienstleistungseigenschaften wie Kundenorientierung und klare Fokussierung auf den Kundennutzen gehen verloren.

Ich habe einmal den Fehler gemacht, in einem meiner zwölf Restaurants, im «KonTiki», einem Hawaii-Restaurant, Servicemitarbeiter auf Provisionsbasis, also auf Prozente, zu bezahlen. Wir hatten einen Restaurant-Service *à l'americaine: Wait till be seated by hostess!*

Wenn Gäste hineinkamen, sprangen die Kellner wie die Hyänen auf die Gäste los und haben das Bedürfnis ermittelt: «Haben Sie viel Hunger mitgebracht? Ach, nur eine Kleinigkeit? Dann macht das mein Kollege.» Und dann liefen sie gleich weiter. Sie wollten mit dem Kleinzeug gar nichts zu tun haben.

Ab und zu sieht man so etwas auch in den USA, weil der Service halt nur von den Trinkgeldern lebt. Wenn Sie dann zu lange sitzen und noch eine Flasche bestellen, wird man fast unhöflich, weil der Kellner natürlich schon wieder den nächsten Tisch durchschleusen will. Die Philosophie in solchen Läden: *Eat and get out!* Ich kenne ein Restaurant in Chicago, da ist jeder Tisch elfmal am Abend besetzt.

Noch ein Tipp: Wenn Sie zu sehr auf diese Ergebnisse schauen, dann stellen Sie sich bitte einen Tennisspieler vor, der nur auf die Anzeigetafel schaut: Der kann doch gar kein Match gewinnen! Ich muss mich also auf den Kunden konzentrieren, und ab und zu einmal schauen, wie es ihm geht, und nicht nur und immer auf das Ergebnis schauen.

Dann der zweite Grundsatz: Jeder leistet einen Beitrag zum Ganzen. Man muss eigentlich dahin kommen, dass die Mitarbeiter von der Vorstellung wegkommen: «Wie gefalle ich denn eigentlich meinem Chef?» So nach dem Motto: «Ich muss alles tun, damit ich meinem Chef gefalle.» Man muss eigentlich dahin kommen, dass sie sich fragen, ob ihr Beitrag zm Gesamt-Sound in dem Stück stimmt.

Das ist wie in einem Orchester: Ob ich da Triangel spiele oder

Paukist bin oder zweite Violine – ich leiste einen Beitrag zum ganzen Musikstück. Wir haben zwei Dinge, die uns helfen: Wir haben zum einen unsere Prämienregelungen. Der Löwenanteil der Prämie wird ausgezahlt, wenn die Gesamtleistung stimmt. 31 Prozent GOP (siehe Seite 92). Die Einzelkämpfer haben ja nur bei relativ kleinen Summen die Möglichkeit, sich durchzusetzen.

Und zum zweiten habe ich schon erwähnt, dass es wichtig ist, eine Kundenkultur im Innenverhältnis und ein Bewusstsein der Teilnahme am Ganzen zu schaffen. Wenn eine Abteilung zu Leerlaufzeiten Mitarbeiter in andere Leistungsbereiche verleasen kann, dann entsteht auch diese Kultur: «Bevor ich jetzt eine Aushilfe nehme, frage ich doch erst einmal die anderen, ob jemand aus der eigenen Abteilung kommen kann.»

Umgekehrt: Wenn Sie zu wenig gemeinsames Bewusstsein haben, entsteht Einzelkämpfertum, Rücksichtslosigkeit und das Zusammengehörigkeitsgefühl schwinden. Wenn meine Führungskräfte jetzt zusammen diese 12 000 Euro in diesem Jahr bekommen könnten, wenn nur ihre eigenen Zahlen stimmen, dann wäre es der Restaurantleiterin völlig egal, ob das Hotel ausgebucht ist oder nicht, oder ob es draußen Reklamationen gibt. Sie sieht nur ihren einzelnen Bereich.

Wenn es aber von den 12 000 Euro 8000 allein dafür gibt, dass das Gesamtziel stimmt, dann hilft man sich viel eher gegenseitig! Dann gibt es Gespräche, wie zum Beispiel: «Du, ich habe gehört, gestern war bei dir etwas nicht in Ordnung? Ich habe das sogar in meinem Bereich gehört. Kann ich dir mit irgend etwas helfen? Was können wir da machen? Nicht, dass du da Kunden verlierst!»

Umgekehrt, wenn Sie gar zu sehr auf das gemeinsame Ergebnis setzen würden, dann gingen die individuellen Leistungen zurück. Es wird ganz schnell zu sozial, Sie sind dann gleich in der DDR. Schwache Mitarbeiter können sich nämlich dann verstecken, und noch schlimmer: Leistungsträger werden nicht entdeckt! Und die verlieren dann natürlich schnell die Lust. Die sagen sich: «Ob ich mich anstrenge oder nicht, deswegen bekomme ich ja trotzdem nicht mehr wie der faule Hund neben mir.»

Das sind alles dynamische Felder. Ich muss in einem Unternehmen genügend davon haben, aber nicht zu viel und nicht zu wenig. Wenn Sie mit Ihren Führungskräften Beurteilungs- oder Gehaltsgespräche führen, lassen Sie doch bitte einmal folgende Fragen beantworten: «Welchen Beitrag leisten Sie konkret zum gemeinsamen Unternehmenserfolg?» Oder noch ein bisschen frecher: «Warum stehen Sie überhaupt auf unserer Lohnliste?»

Und das Ergebnis muss sein, dass ein Bankettleiter sagt: «Ich sorge dafür, dass 1700 Seminare in ihrer kurzen Mittagspause bei uns hier wieder die Batterien aufladen können und nachher wieder fähig sind zu lernen.» Oder: «Ich sorge als Bankettleiter dafür, dass junge Menschen, die heiraten, den schönsten Tag ihres Lebens bei uns auch entsprechend optimal erleben können, ohne dass sie sich ärgern müssen.» Das ist der Beitrag zum Ganzen. Und nicht: «Ich bin hier Chef und Führungskraft und Bankettleiter!»

Kommen wir zum nächsten Malikschen Führungsgrundsatz: Konzentration auf weniges.

Ich zitiere noch einmal den Managment-Guru Peter Drucker: *Effective Executives do first things first and second things not at all!*

Es gibt einen berühmten deutschen Unternehmer, dessen Namen Sie wahrscheinlich alle kennen, den Trigema-Chef Grupp, der immer vor der Tagesschau mit seinem Affen auftritt. Grupp sagt sinngemäß, seine zwei Vorzimmerdamen hätten strikte Anweisung, 40 Prozent des Posteingangs ungeöffnet in die «große runde Ablage» zu legen. Es könne schon einmal passieren, dass etwas Wichtiges weggeworfen werde, aber der schreibe dann schon noch einmal.

Aber das meiste ist Zeit-Diebstahl. Massendrucksachen. Sie sehen dann von außen schon aufgeklebte Adressen, zugekaufte Adressen, dann diese Frankiermaschinen, ungefütterte Umschläge; das können Sie alles wegschmeißen.

Wir kriegen eigentlich von allem viel zu viel. Kein Computer der Welt kann diesen *overflow* an Informationen überhaupt aushalten. Wenn Sie die «New York Times» von der ersten bis zur letzten Seite komplett lesen wollen, sind bereits wieder zwei neue erschienen.

Wir brauchen also einen Filter, der uns entscheiden hilft, was wesentlich und was unwesentlich ist. Ich muss Dinge auch an mir vorbeilaufen lassen, ich muss durch diesen Filter aussieben können. Wenn Sie das zu wenig machen, werden Sie gestresst im negativen Sinne, Burn-Out-Syndrom, Disstress statt Eustress. Sie verzetteln sich, die Ziele werden unklar, Sie verlieren sie aus den Augen.

Umgekehrt: Wenn ich das jetzt sage, ertappe ich mich selbst ein bisschen im Spiegel. Wenn ich behaupte, ich sei noch ein, zwei oder auch drei halbe Bürotage pro Monat da, dann ist das zu wenig. Da geht nämlich der Überblick verloren, und ich kann bei vielen Dingen gar nicht mehr sinnvoll mit entscheiden, weil ich einfach zu weit weg bin. Und jetzt muss ich schauen, inwieweit ich am Unternehmen arbeiten kann und wie viel ich muss.

Dann der vierte Führungsgrundsatz: Stärken nutzen.

Das sollte klar sein. Sie müssen herausbekommen, was die Stärken eines Mitarbeiters sind und ihn natürlich dann gemäß seiner Stärken einsetzen. Wenn Sie mich als Bilanzbuchhalter einsetzen würden, dann wäre der Laden nach einem Jahr pleite! Ich bin nämlich ganz stark rechtshirnig angelegt, im analytischen linken Hirnbereich relativ schwach.

Alle unsere Mitarbeiter haben das Herrmann-Dominanz-Instrument HDI® angewendet, eine Methode, die vom Amerikaner Ned Herrmann entwickelt wurde. Es ist im Wesentlichen ein Fragebogen mit 120 Fragen und ist zur Selbstanalyse bevorzugter Denk- und Verhaltensstile geeignet. Die Bewertung der Hirnfunktionen ist mit vier Grundfarben gekennzeichnet.

Die Farbe Blau steht für das «rationale Ich». Es analysiert, ist logisch, kann gut mit Zahlen umgehen und ist technisch interessiert. Gelb ist das «experimentelle Ich». Es ist kreativ, initiativ, risikofreudig, mag Überraschungen, ist neugierig und spielt gern (ja, so bin ich). Grün ist das «sicherheitsbedürftige Ich». Es ist zuverlässig, strukturiert, realisiert Dinge, ist pünktlich und plant. Rot schließlich ist das «fühlende Ich». Es ist gefühlsbetont, expressiv und hilfsbereit, emotional und redet viel.

Die Ergebnisse aus diesem Test hängen draußen an den Postfächern der Mitarbeiter, so dass man sofort erkennen kann, ob jemand mehr grün, blau oder rot dominiert ist. Er kann nicht aus seiner Haut heraus. Und jetzt muss man die Leute gemäß ihren Stärken einsetzen.

Das Gleiche gilt aber dann auch für die Stärken des Unternehmens. Wir haben für den Schindlerhof genau drei 30-Prozent-Vorteile definiert: Der erste ist die denkmalgeschützte Bausubstanz versus Modernität. Nur Denkmalschutz ist aber kein Vorteil. In Rothenburg ist jedes Haus denkmalgeschützt. Aber diese spannende Mischung auf engstem Raum, zwischen modern und alt – das ist eigentlich unser Wettbewerbsvorteil. Der Zweite ist die Herzlichkeit der Mitarbeiter, und der Dritte ist die Summe der Kleinigkeiten.

Noch ein Tipp: Man spricht nur dann von solchen strategischen Erfolgspositionen, wenn ein Wettbewerber, der Sie frontal angreift, drei Jahre benötigt, um mit Ihnen gleichzuziehen. Wenn Sie jetzt an irgend etwas denken, das ein Konkurrent zur Not in einem halben Jahr auch abgekupfert haben kann, ist es kein echter Wettbewerbsvorteil. Und Sie können sich vorstellen, dass es nicht so einfach ist, einen denkmalgeschützten Bauernhof zu finden und ihn so auszubauen.

Die Herzlichkeit der Mitarbeiter auf unser Niveau zu hieven, ist sowieso schon schwierig, weil das eine nicht endende Geschichte ist. Bei jedem Personalwechsel fangen Sie wieder bei null an. Zurzeit fangen gerade zwölf Lehrlinge neu an, zwölf Mal zurück auf Stufe null. Und kaum haben sie sich dann auf den Level gehievt, den wir brauchen, sind sie bereits ausgelernt und gehen woanders hin. Und trotzdem ist es ein Wettbewerbsvorteil, der sich bei uns seit vielen Jahren bestätigt.

Und bei den Details ist es das Gleiche. Details abzukupfern hat man in drei Monaten hinter sich gebracht. Aber die Summe der 150 Kleinigkeiten nachzumachen, die überall versteckt sind, braucht wieder eine Aufbauarbeit von vielen Jahren. Wenn Sie zu wenig Ihre Stärken nutzen, haben Sie keine klare Profilierung. Es entsteht so eine eierlegende Wollmilchsau.

Lassen Sie uns das wieder auf die Ebene der Mitarbeiter herunterbrechen: Wenn die Mitarbeiter nicht entsprechend ihren Stärken eingesetzt werden, laufen sie nicht zur Höchstform auf. Dann wird es teuer. Die betreffende Führungskraft bietet dem Unternehmen nicht den entsprechenden Vorteil und nicht den vollen Nutzen. Sie bezieht aber das volle Gehalt. Und umgekehrt, wenn Sie zu stark auf den Schwächen herumhacken, stimmen die Basisfähigkeiten nicht mehr, und man fängt sogar an, mit Schwächen zu kokettieren.

Es gibt Mitarbeiter, die sagen rechtshirnig, Bilanzen seien nicht ihre Welt! Bei ihnen findet überhaupt keine Weiterentwicklung mehr statt. Also wir sollten uns natürlich schon ab und zu einmal überwinden und sagen: «Da ist etwas, das beherrsche ich nicht so gut auf Anhieb, aber ich nähere mich mal der Sache.» Es gibt ja genügend Leute, auch in meinem Alter, die können noch nicht einmal ihr Videogerät bedienen. Sie sitzen vor ihrem PC wie der Ochse vor dem Schlachthof. Sie wissen nicht, wie sie ihr Navigationsgerät bedienen sollen, können keine E-Mails verschicken; Sie sind ja fast lebensunfähig in der heutigen Zeit, weil sie immer sagen, das sei etwas für die Jungen. Also mit Schwächen kokettieren ist eindeutig die falsche Alternative zur Nutzung der Stärken.

Fünfter Führungsgrundsatz: Vertrauen.

Da brauchen wir nicht lange diskutieren. Vielleicht an dieser Stelle ein Satz von Goethe, sicherlich einer der schlauesten Deutschen: «Behandle die Menschen, wie sie sind, und sie werden schlechter. Behandle sie wie sie sein könnten, und sie werden besser!»

Wenn Sie zu wenig Vertrauen haben, haben Ihre Mitarbeiter mangelndes Selbstwertgefühl. Mitarbeiter werden unsicher und fühlen sich unterfordert. Jemanden zu unterfordern heißt, ihn zu entmündigen. Das ist viel grausamer als jemanden zu überfordern. Wenn man jemanden überfordert, kann er ja noch über sich hinauswachsen und zusätzliche Kräfte mobilisieren. Aber jemanden unterfordern heißt ja, nonverbal zu kommunizieren: «Ich traue dir das nicht zu, du kannst das ja sowieso nicht. Mache mal lieber diesen Kleinkram da weiter.»

Somit entmündige ich ihn. Das Ergebnis ist dann verschwindende Leistungsorientierung. Mitarbeiter verlernen Verantwortung zu übernehmen, weil sie eben gelernt haben, dass das immer jemand anderes für sie tut. Und umgekehrt: Wenn Sie übertreiben mit dem Vertrauen, können Sie als Führungskraft gnadenlos ausgenutzt werden. Sie wirken blauäugig und verlieren Ihre Autorität.

Das ist menschlich. Es braucht immer nicht zu viel und nicht zu wenig. Aber irgendwo muss immer eine Art Controlling vorhanden sein. Vertrauen entsteht übrigens nur, wenn Sie humorvoll bleiben. Es darf keine verbissene Geschichte werden! Und ich glaube, es ist typisch deutsch, unsere teutonische Art, immer zusammengebissene Zähne, Augen zu und durch.

Lockerer werden! Das ist das Allerwichtigste. Vertrauen entsteht, wenn das Engagement der Mitarbeiter geführt wird. Vertrauen entsteht, wenn Sie in der Führung Zeit für die W-Fragen aufwenden: «Warum verlange ich das von dir? Wohin geht denn die Reise? Welche Beiträge kannst du leisten? Wie kannst du dich noch mehr einbringen?»

Vertrauen entsteht, wenn ein Klima der Unterstützung geschaffen wird. Reinhard Sprenger bringt es ein bisschen plakativ, aber schön auf den Punkt: «Partnerschaft ist das, was Partner schafft!» Das ist so.

Auch noch eine Idee, die Gerhard Schmid, der Begründer der deutschen Mobilcom, bereits vor vielen Jahren eingeführt hatte und den wir übernommen haben: Wir prämieren nicht nur den besten Verbesserungsvorschlag, sondern auch den größten Fehler eines

Mitarbeiters. So verlieren die Mitarbeiter die Angst, Fehler zu machen und Fehler zuzugeben.

Prüfen Sie Ihre Führungskräfte. Ich habe auch immer ein oder zwei Führungskräfte im Haus, die nie einen Fehler zugeben würden. Sie wollen es dreimal lückenlos nachgewiesen bekommen, dass es ist ihr Fehler gewesen ist.

Warum nur können Menschen so ungern einen Fehler einmal zugeben? Ich habe etwas daraus gelernt und daran gearbeitet, um eine Fehlerkultur zuzulassen. Natürlich muss man auch hier nach Branchen unterscheiden. In Apotheken zum Beispiel wäre es fatal, wenn der Apotheker statt 0,001g einer Substanz 0,01g hineinmischen würde. Da ist der Patient tot. Im Regionalspital von Lugano haben Chirurgen vor fünf Jahren das falsche Bein amputiert. Da kann man natürlich nicht den besten Fehler des Monats prämieren.

Grundsätzlich geht es aber darum, dass man Menschen den Mut gibt, etwas auszuprobieren, und wenn es in die Hose geht, sie darin bestärkt, auch weiterhin mutig zu bleiben. Es muss daraus ein Klima entstehen, bei dem klar ist, dass niemandem der Kopf abgerissen wird, wenn er einmal einen Fehler gemacht hat.

Letztes Führungsprinzip von Fredmund Malik: Positives Denken.

Da müssen wir wahrscheinlich nicht mehr lange darüber reden. Wenn Sie zu wenig positives Denken haben, kann sich diese berühmte *self fulfilling profecy,* die sich selbst erfüllende Prophezeiung, natürlich auch im Negativen bewahrheiten. Es gibt Menschen, die brauchen nur in der Zeitung lesen: «Heute Grippeepidemie in Hamburg», dann kommt morgen schon ein gelber Zettel: krank. Die ziehen es an wie ein Magnet.

Aber das gibt es Gott sei Dank natürlich auch im Positiven! Wenn jemand zu stark an dieses positive Denken glaubt, dann ist es natürlich auch gefährlich, weil die Prognosen vielleicht nicht eintreffen, Gefahren nicht erkannt werden und schlussendlich das Vertrauen in die Kraft des positiven Denken schwindet.

Ich habe gestern einmal gesagt: Alles, was Sie sich vorstellen können, das können Sie auch erreichen. Das stimmt natürlich nicht wörtlich. Es gibt eine Begrenzung: Ich kann nur erreichen, was im Rahmen meiner Gestaltungsmöglichkeiten liegt. Stellen Sie sich bitte mal eine Suppenhenne vor, die sich dauernd einredet, sie könne fliegen wie ein Adler! Eine Suppenhenne kann nicht fliegen wie ein Adler. Es gibt einfach Begrenzungen, die den Rahmen der eigenen Gestaltungsmöglichkeiten bilden. Man kann nicht alles, was man sich im Leben vorstellt, erreichen. Das geht eben nicht.

Wichtiger als die Führungsgrundsätze sind aus meiner Sicht die Führungsaufgaben. Was ist der Unterschied? Bei den Führungsgrundsätzen frage ich: Wie führe ich? Bei den Führungsaufgaben frage ich: Was tue ich konkret, wenn ich führe?

Es ist also wirklich eher ein philosophischer Unterschied. Die Führungsaufgaben habe ich meinen Führungskräften im kleinen Format gleich in die Zeitplanbücher hineingeschrieben.

Wir nehmen wieder einmal einen Supermarkt als Beispiel. Ich

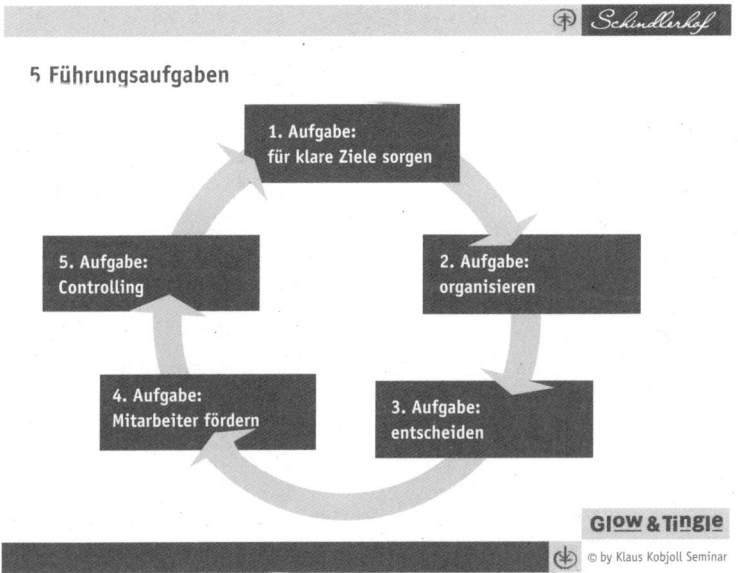

5 Führungsaufgaben

1. Aufgabe: für klare Ziele sorgen

2. Aufgabe: organisieren

3. Aufgabe: entscheiden

4. Aufgabe: Mitarbeiter fördern

5. Aufgabe: Controlling

GLOW & TINGLE
© by Klaus Kobjoll Seminar

finde solche Beispiele sehr ergiebig, weil so am besten das unternehmerische Prinzip auf den Geschäftsalltag heruntergebrochen werden kann.

Erste Aufgabe, angenommen ich bin dort Filialleiter, ist, dass ich dort für klare Ziele sorge.

Ich will, dass die Kunden bei Molkereiprodukten 3 Euro pro Nase ausgeben. Und momentan stehen wir bei nur 2,10. Das wäre jetzt ein klares Ziel. Wir wollen also, dass jeder Kunde, der bei uns einkauft, für 90 Cent mehr Molkereiprodukte kauft.

Damit komme ich zur zweiten Führungsausgabe, denn jetzt muss ich diese Aufgabe organisieren.

Es gibt da Führungskräfte, die haben eine John-Wayne-Mentalität; sie schießen sofort aus der Hüfte. Jetzt wird gleich Geld ausgegeben: Da wollen sie ein neues Display, dort ein neues Regalsystem, hier einen neuen Fußbodenbelag. Und da hinten einen Meter mehr Platz. Paff, paff! – aus der Hüfte geschossen! Manchmal trifft man jemanden, meistens geht es daneben.

Man muss also erst einmal organisieren. Und das Schöne ist, dass wir dabei kein Geld ausgeben müssen. Nur Hirnschmalz! Das schaffen auch noch die meisten.

Jetzt kommt die nächste Hürde, die dritte Führungsaufgabe: Ich muss entscheiden.

Führungskräfte müssen entscheiden können. Sie können nicht schon wieder zum Chef rennen und fragen: «Chef, können Sie mal schauen? Gefällt Ihnen dieses Display besser? Was halten Sie denn von diesem Regalsystem? Finden Sie das vielleicht schöner?»

Das soll doch die Führungskraft bitte selbst entscheiden. Sie ist doch die Führungskraft und nicht ich. Jetzt wird Geld ausgegeben. Vorher nicht.

Und jetzt, bei der vierten Aufgabe, scheitern die meisten. Die Aufgabe lautet hier: Mitarbeiter fördern. Jetzt stellen wir nämlich fest, dass wir alles richtig gemacht haben, und der Chef hat auch noch mit entschieden. Aber wir verkaufen keine 3 Euro Molkereiprodukte, sondern nur für 2,70 Euro. Und jetzt sind wir wieder beim Schulterzucken: Wir haben doch alles richtig gemacht, oder?! Wir haben es probiert; es geht halt nicht.

Doch jetzt fängt die Arbeit eigentlich erst an. Jetzt muss ich mir Gedanken machen. Muss ich den Warendruck noch etwas erhöhten? Was kann ich an der Präsentation verbessern? Führen meine Mitarbeiter wirklich aktive Verkaufsgespräche? Könnte ich meinen besten Mann einmal ein paar Tage in diese Abteilung da reinstellen, oder eine Woche? Nur um zu sehen, ob es nicht doch geht. Nicht gleich aufgeben.

Und die fünfte Führungsaufgabe: Das tun wir täglich, wenn wir führen: Das ist Controlling. Und Controlling hat nichts mit Kontrolle zu tun, also diese treu-doofe deutsche «Kontrolle»: «Das müssen Sie hier hinstellen. Das habe ich Ihnen schon zweimal gesagt, so gehört es.» Viele Chefs haben einen Helferlein-Syndrom, und aus dem, dem angeblich geholfen wird, wird das Opfer. Dem armen Kerl wird nämlich ständig immer nur geholfen. Controlling heißt regeln und steuern.

Ich hatte in den Sechzigerjahren einmal einen englischen Sportwagen mit einem Vergasermotor. Ich hatte mit einem Monteur zu tun, der bei der Vergasereinstellung nur die Haube aufgemacht, den Motor laufen gelassen und sein Ohr reingehängt hat. An dem Vergaser hat er nur dann gedreht, wenn der Motor nicht rund gelaufen ist. Dann hat er aufgehört. Das heißt Controlling. Nie in das Räderwerk eingreifen, wo es nicht nötig ist. Steuern, mehr nicht.

Und natürlich kann es jetzt sein, dass wir unser Ziel ändern müssen. Vielleicht geht der Molkereiprodukteverkauf doch nur bis 2,90 Euro. Oder vielleicht schaffen wir doch 3,10? Controlling ist eben die fünfte Aufgabe, die wir ständig machen müssen.

Jetzt habe ich noch aus meiner Sicht ein paar Regeln zusammengefasst, die man bei der Führung beachten sollte.

Die meisten Reaktionen auf gute Leistungen (wir kommen nachher noch einmal bei der Mitarbeiterorientierung darauf zurück), sind in der Praxis häufig *keine* Reaktionen… nach dem Motto: Solange ich nichts sage, ist es schon recht.

Dann: Je mehr Aufmerksamkeit man einer Verhaltensweise schenkt, desto öfter wird diese wiederholt. Ich lerne sehr viel von vierbeinigen Viechern. Zweibeinige sind auch nicht viel anders. Ich habe im Moment einen jungen Labrador. Er muss lernen, mit weichem Maul zu apportieren. Wenn man mit ihm spazieren geht, hat er natürlich auch mal einen Stock im Maul. Es ist wichtig, dass man mit ihm keine Zerr-Spiele veranstaltet, sondern diese nicht gewünschte Verhaltensweise einfach ignoriert. Dann lässt er den Stock von alleine wieder fallen: Je mehr Aufmerksamkeit man einer Verhaltensweise schenkt, desto häufiger wird diese wiederholt.

Das geht leider nicht nur bei positiven Dingen, sondern auch bei negativen. Wer Fehlverhalten nicht begünstigen will, der sollte von vornherein keine Zeit darauf verschwenden. Das hat jetzt wieder etwas mit der persönlichen Programmierung zu tun. Ich schildere Ihnen jetzt einmal, wie ich früher programmiert war. Und da war ich noch stolz drauf.

Ich bin in den Siebziger- und Achtzigerjahren durch meinen Laden gelaufen, frisch ausgebildet an Tom Peters, *managing by wandering around, managing by walking around*. Und da bin ich immer durch meinen Laden gelaufen und hatte ein wahnsinniges Talent: Immer dann, wenn ich dazukam, ist garantiert etwas schief gelaufen! Darüber konnte ich mich gut empören. Und hinterher habe ich mir selbst auf die Schultern geklopft und mir gesagt: Wenn sie mich nicht hätten. Schließlich habe ich als Einziger gemerkt, dass da etwas schlecht funktioniert hatte.

Heute bin ich anders programmiert. Wenn ich jetzt durch das Restaurant laufe und einem Lehrling fallen fünf Platzteller herunter, mache ich einen großen Bogen um den Raum. Ich weiß, dass er sicher jetzt jeden sehen will, bloß nicht mich! Und ich weiß noch etwas: Er ärgert sich mehr über sein Missgeschick als ich.

Und warum soll ich dem, wenn er ohnehin schon ein leicht verbogenes Rückgrat hat, noch eins draufsetzen? Wenn man sich so programmiert, lernt man mit der Zeit, dass man durch positive Wiederholungen eine viel bessere Wirkung erzielt. Dann kann ich wieder sagen: «Mensch, das hast du gut gemacht, ich war ganz fasziniert, wie du den Kunden überzeugt hast.» Oder: «Wer hat denn den Tisch so schön eingedeckt? Was, Sie sind erst im ersten Lehrjahr? Kompliment. Toll, wie Sie das gemacht haben.»

Von jetzt an werden diese gewünschten Verhaltensweisen immer wieder wiederholt. Weil Sie ihnen eine Beachtung schenken. Darum also geht es: Menschen, die über das Erwartete hinaus gut gearbeitet oder auch begangene Fehler wiedergutgemacht haben, muss man loben und aufbauen.

Ich darf das Beispiel nehmen: Tanja, im ersten Lehrjahr, kommt heute Morgen zu spät; das ist natürlich eine Katastrophe! Nur muss ich eines auch ganz ehrlich sagen: Ich hätte mit 18 Jahren die Eintrittskriterien in den Schindlerhof nicht bestanden. Mich hätten die garantiert nicht genommen. Wir Älteren sollten öfters auch einmal daran denken, wie oft wir zu spät gekommen sind. Das ist wirklich kein Beinbruch. Natürlich sollte das keine Dauerlösung seien, aber wenn man einen Fehler gemacht und diesen dann wieder beseitigt hat, und er passiert kein zweites und kein drittes Mal, muss man natürlich auch wieder loben und aufbauen. Und nicht immer nur ständig wieder in den Wunden wühlen.

Wenn aber jemand sein Fehlverhalten nicht ändert, dann sollten wir ihm möglichst schnell und konkret sagen, was an diesem Verhalten völlig inakzeptabel ist und dass wir es nicht dulden.

Ich zeige meine persönliche Frustration in solchen Fällen offen. Ich verbiege mich nicht. Es gibt ja auch Trainer, die meinen, man müsse sich beherrschen und sich zurücknehmen. Wenn ich poltere, dann poltere ich; das wissen die Mitarbeiter aber auch. Es muss aber ebenso klar sein, dass der Ärger hinterher wieder vorbei ist. Und etwas ganz, ganz Schlimmes ist, wenn jemand nicht führungsinteger ist, wenn also jemand mit zweierlei Maß misst, wenn er bei dem einen poltert, wenn der zu spät kommt, und bei dem anderen nie etwas sagt, weil er den vielleicht besser leiden kann. Jetzt messen sie mit zweierlei Maß.

Jetzt wird es richtig unanständig. Die Älteren werden sich erinnern: Das schlechteste Wahlergebnis, was der Franz Josef Strauss – unser Vorzeige-Bayer – jemals bei einer Bundestagswahl hatte, war, als er bei einer Elefantenrunde (das ist immer am Abend vor der Wahl eine Diskussionsrunde der Parteiführer) von seinen PR-Beratern gewarnt wurde, bloß nicht zu poltern. Da hat er seinen kurzen und dicken, nicht vorhandenen Hals zwischen die Schultern gezogen und nur genickt. Anstatt dass er aufgetrumpft hat, hatte er Kreide gefressen. Das war nicht er!

Langer Rede, kurzer Sinn: Verstellen Sie sich nicht. Wenn etwas zu Ihnen passt, wenn das Ihr Naturell ist, dann ist es eben so. Es muss aber am Ende immer klar herauskommen, dass Sie nie eine Person kritisieren, sondern nur sein Verhalten. Frauen können das besser als die meisten Männer. Sie sind zwar knallhart in der Sache, aber immer liebevoll im persönlichen Bereich – aber darauf habe ich ja schon hingewiesen.

Dann habe ich hier noch ein schwieriges Thema: Kritik und negatives Feedback – so vorsichtig Sie es auch formulieren – beeinträchtigen zwangsläufig auch immer die Beziehung zu dem Kritisierten. Das ist jetzt kein Statement dafür, dass man nie kritisieren soll (das geht gar nicht in der Praxis), aber man soll vorsichtig sein, bevor man kritisiert, ob es nicht andere Möglichkeiten gibt, den möglichen Konflikt zu umschiffen. Beispielsweise sehe ich mir die Aufgabenplanung des Mitarbeiters an. Ich bräuchte ihm vielleicht nur ein oder zwei Aufgaben wegnehmen und bei jemandem anderen ansiedeln. Schon ist der Kerl wieder glücklich, weil es sowieso immer wieder die gleichen Sachen sind, die ihm keine Freude machen. Es gibt nur einen Weg, die Menschen dazu zu bringen, das zu tun, was Sie von Ihnen wollen, nämlich indem Sie eine vertrauensvolle, positive Beziehung aufbauen.

Wenn wir das noch einmal verdichten wollen, darf ich einen Gedanken von Vinzenz Baldus wiedergeben. Führung braucht nur drei Rs:

- Das erste R steht für *Richtung*. Wir Unternehmer, wir Führungskräfte geben die Richtung vor.
- Das zweite R steht für *Regeln*. Sie stellen Regeln zusammen mit Ihrem Team oder für Ihr Team. Sie sagen, wie etwas gemacht wird.
- Und das dritte R steht für *Rituale*. Unsere Welt ist arm geworden an Ritualen. Da ist fast ein Vakuum entstanden. Dieses Vakuum lässt sich in Unternehmen mit solchen Ritualen wunderbar ausfüllen: die Gestaltung des ersten Arbeitstages, ein kleines Geschenk nach dem Urlaub, der Schokoladen-Nikolaus, der Blumenstrauß, die Geburtstagskarte, was auch immer. Aber auch größere Rituale haben ihren Platz, wenn Sie Ihre Prinzessinnen nach Hause geführt haben, wenn Sie das Ereignis mit den Mitarbeitern entsprechend feiern.

Im Folgenden gehen wir jetzt wieder in einen ganz innovativen Bereich. Nicht nur Produkte unterliegen einem Lebenszyklus, sondern auch Menschen. Sie kennen natürlich alle den klassischen Produktlebenszyklus: Einführung, Wachstum, Reifephase, Rückgang, Wiederbelebung. Wenn man dieses Prinzip auf Menschen überträgt, dann gibt es es auch einen biografischen Lebenszyklus.

Schauen wir uns das einmal an (Seite 168): Phase eins: wachsen, fantasieren, erkennen, also die Kindheit. Dann lernen, die Berufsausbildung. Dann kommt der Eintritt in das Berufsleben. Dann kommt die Phase vier. Ausbildung, Sozialisation im Unternehmen, das geht bei jungen Menschen ganz schnell. Sie nehmen die Unternehmenskultur auf und handeln dann genau so, wie es dort gang und gäbe ist. Dann kommt der Kampf – ja man kann fast sagen, ein Kampf – um die Akzeptanz im Unternehmen. Junge Führungskräfte können da ein Lied davon singen. Sie sitzen zwischen zwei

Produkt-Lebenszyklus

Sättigung
Reife
Rückgang
Wachstum
Wiederbelebung
Einführung

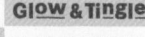

Biografischer Lebenszyklus

- Phase 1:   Wachsen, Phantasieren, Erkennen
- Phase 2:   Lernen und Berufsausbildung
- Phase 3:   Eintritt in das Berufsleben
- Phase 4:   Grundausbildung und Sozialisation
- Phase 5:   Akzeptanz
- Phase 6:   Dauerhafte Zugehörigkeit bzw. eigene Spuren
- Phase 7:   Krise der mittleren Lebensjahre
- Phase 8:   Schwung erhalten, wiedergewinnen oder ausklingen lassen
- Phase 9:   Loslösung
- Phase 10:   Ruhestand

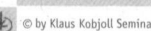

Stühlen. Die alten Hasen sagen: «Das ist doch noch ein Greenhorn; er muss erst einmal beweisen, dass er gut ist.» Die Mitarbeiter haben wieder ganz viel Respekt, weil er jetzt nicht mehr einer von ihnen ist, sondern etwas Besseres.

Dann kommt diese ganze wunderbare Phase: dauerhafte Zugehörigkeit. Hinterlassen eigener Spuren. Das ist etwas Wunderbares, bei dem ich auch einen Sinn in meinem Leben erkenne, wenn ich sagen kann: «Ich habe diesem Unternehmen eine Prägung gegeben, ich habe Spuren hinterlassen. Sie werden noch in 20 Jahren oder auch in 100 Jahren sichtbar sein.

Dann kommt die Midlifecrisis. Früher gabe die nur bei den Männern, heute auch bei den Frauen. Das sind dann die Frauen in meinem Alter, mit dem 20-jährigen Sekretär. Früher war das eben nur umgekehrt, der alte Mann mit dem jungen Mädchen. Da hat sich Gott sei Dank auch einiges geändert. Aber: kommen tut sie! Irgendwann kommt diese Midlife-Crisis. Das kann doch noch nicht alles gewesen sein, was hast du denn jetzt noch vor dir? Das ist schon sehr frustrierend.

Wenn Sie in solch einer Situation stecken, dann müssen Sie sich überlegen: Habe ich denn noch genug Schwung für die nächsten zehn Jahre? Solange möchte ich ja eigentlich noch arbeiten. Muss ich irgend etwas tun, um den verloren gegangenen Schwung wiederzuerlangen? Oder lasse ich es ganz einfach ausklingen?

Hier gibt es einen kleinen Unterschied zwischen Angestellten und Unternehmern. Ein Angestellter kann nicht sagen: «Ich habe jetzt 30 Jahre für den Laden gebuckelt, die müssen mir dankbar sein. Die nächsten Jahre mache ich Dienst nach Vorschrift.» Sie können das natürlich auch machen mit Altersteilzeit, dann gibt es eben weniger Geld. Aber der selbstständige Unternehmer, der kann zusammen mit seiner Frau entscheiden: Wir haben 40 Jahre gesät. Und jetzt wollen wir ernten. Das ist legitim. Diesen kleinen Unterschied kann man nicht wegdiskutieren.

Dann kommt irgendwann die Phase neun: Die Loslösung aus

dem Berufsleben. Und da hat einer meiner Mentoren mich enorm geprägt, das war der alte Josef Schmidt. Ich werde den Satz nicht vergessen: «Der Höhepunkt eines Unternehmerlebens ist die Weitergabe des Unternehmens!»

Zunächst ist erst einmal egal, an wen. Es ist eine Gnade und nicht planbar, wenn es die eigenen Kinder sind. Aber das können genauso gut ein Käufer oder die Mitarbeiter oder wer auch immer sein. Nur: Programmieren Sie sich von Anfang an so, dass das der Höhepunkt Ihres Unternehmerlebens wird. Sonst fallen Sie in ein ganz tiefes Loch, wenn Sie aus dem Unternehmen herausgehen.

Warum sterben so viele Top-Manager direkt nach der Pensionierung, obwohl sie jetzt die Zeit hätten, alles das zu machen, was sie schon immer tun wollten? Jetzt braucht sie keiner mehr («Ich gehöre zum alten Eisen, also kann ich mich jetzt gleich himmeln lassen.») Aus welchem Grund soll ich jetzt noch dableiben? Wenn man sich hier auch rechtzeitig neue Suchfelder aufbaut, Hobbys aufbaut, neue Interessen erschließt, kann man diesen Ruhestand auch genießen, und zwar möglichst ein paar Jahrzehnte. Die Lebenserwartung steigt ja ständig.

Die Kinder, die heute auf die Welt kommen, haben in Europa eine Lebenserwartung zwischen 95 Jahren und 100 Jahren, also viel höher als meine Generation, aber auch bei ihnen ist eines klar: Irgendwann winkt die Gruft. Exodus. Ich habe meine in Bamberg, in meiner Heimatstadt, schon längst gekauft. Eine Ewigkeitsgruft, eine richtig große, da haben insgesamt 32 Särge Platz. Da muss man ja alle zwölf Jahre nachzahlen. Und in meinem *Outlook* steht alle zwölf Jahre drin: «Gruft erneuern, also nachzahlen, aber noch nicht beziehen!» Das habe ich hineingeschrieben.

Das ist eben der biografische Lebenszyklus. Und jetzt übertragen wir das einmal auf eine ähnliche Kurve, wie wir es vorhin gesehen haben. Ich bringe jetzt zwei Beispiele. Sie eröffnen einen neuen Supermarkt und nehmen einen ganz jungen, frischen Filialleiter. Den haben Sie soeben eingestellt, und Sie sind ganz begeistert von

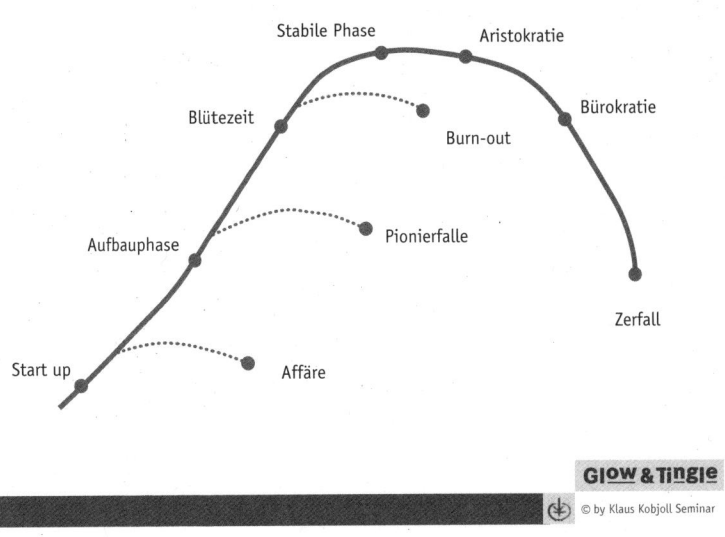

Stabile Phase   Aristokratie

Blütezeit   Bürokratie

Burn-out

Aufbauphase   Pionierfalle

Zerfall

Start up   Affäre

GI**ow**&T**ing**le

© by Klaus Kobjoll Seminar

ihm. Plötzlich haut der Ihnen in der Probezeit schon wieder ab! Das ist uns allen schon einmal passiert. Das war ein One-Night-Stand. Es war nur eine Affäre für ihn, er beißt also nicht an.

Jetzt gibt es eine zweite Ausstiegsmöglichkeit: Der Junge kündigt nicht, er kommt in die Aufbauphase. Er fühlt sich in dem Unternehmen wohl, aber wir stellen fest, dass seine Qualifikation der Aufgabe nicht genügt. Das ist die Pionierfalle.

Wer hat nicht schon einmal junge Leute überfordert? Weil er sie zu früh mit einer Aufgabe betraut hat, die sie nicht geschafft haben. Das ist die Pionierfalle. Es gibt noch ein zweites Beispiel für die Pionierfalle: Sie machen jetzt mit Ihrem Lebensmittelmarkt ein Online-Geschäft auf. Man kann die Lebensmittel online bestellen, und dann werden sie ausgeliefert, und das Konzept ist seiner Zeit voraus. Pionierfalle kann auch sein, wenn eine Idee noch nicht reif ist. Also Sie sind zu früh mit der Idee. Dann verbrennen Sie zum einen zu viel Geld, und die Leute verheizen Sie zum anderen auch mit.

Da gab es übrigens einige, die das gemacht haben, auch im Trainingsbereich. E-Learning – zu früh dran, pleite. Dritte Ausstiegsmöglichkeit: Der junge Filialleiter kommt in seine Blütezeit, er hinterlässt Spuren, eben von diesem wunderbaren Markt. Und in der Blütezeit einer Führungskraft liegt die größte Gefahr: Das Burnout-Syndrom.

Unsere Leistungsträger, gerade die karriereorientierten jungen Leute, laufen Gefahr, *Workaholics* zu werden. Das sind dann die Fälle, die nach 14 Stunden Arbeitstag nach Hause kommen, und die Frau zieht die Konversation mit dem Hund oder mit der Katze ihrem einsilbigen Genörgle vor. Spätestens dann haben Sie dieses Problem.

Ich finde, dass die Unternehmer auch hier eine soziale Verantwortung haben und ihre Leistungsträger gegebenenfalls ein bisschen zurückpfeifen und zurücknehmen. Ich war damals zwischen 28 Jahren und 35 Jahren genau in dieser Situation. Ich war Workaholic. Und das ist ja eine Sucht. Alle wissen es, selber weiß man es nicht.

Es ist wie beim Alkoholismus. Zugeben tut man es selbst natürlich auch nicht. Aber beim schnellen Autofahren hatte ich immer so Herzschmerzen im linken Bereich, das war immer so ein pelziges Gefühl. Dann bin ich nur noch mit einer Hand weitergefahren. Und nach dem zweiten Whiskey abends war es immer weg. Dann hat mir der Internist einmal so Betablocker verschrieben wie bei einem Schwein kurz vor dem Schlachten, eine Tablette früh und eine abends. Und dann waren die Herzschmerzen auch wieder weg. Heute habe ich keine mehr – weil ich einfach nicht mehr überlastet bin.

Es gibt noch ein weiteres Indiz für die Überlasteten: Das sind volle Schreibtische. Sie können gerne einmal auf meinen Schreibtisch schauen. Ich bin ein so genannter Leertischler – drei Bilder: Hund, Pferd, Frau – genau in dieser Reihenfolge. Und eine frische Tasse Kaffee. Und das war's. Und nicht riesige Stapel.

Zurück zum Beispiel: Der Junge kommt in die Blütezeit und bleibt in der Blütezeit. Aber jetzt wird es gefährlich, denn jetzt kehrt irgendwann die Routine ein. Er hat zwar irgendwann noch einen Getränkemarkt dazugebaut, aber mehr ist vielleicht nicht möglich. Vergrößern kann er sich nicht mehr und hat demzufolge auch keine Herausforderung mehr. Er fällt jetzt aus dem «Flow»-Kanal (siehe Seite 41) heraus in die Komfortzone.

Und jetzt wehrt sich der Mensch und kommt in die Aristokratie. Das sind jetzt diese Führungskräfte, bei denen mittags um 11 Uhr 23 ein Mitarbeiter dreimal an die Bürotür klopfen und einen Cappuccino servieren muss, mit einem Löffel Zucker, rechts gedreht. Das sind die Aristokraten. Und wehe, der Angestellte kommt eine Minute zu spät. Dann wird er mit Liebesentzug bestraft. Der Führungsmann hat keine andere Herausforderung mehr, als sich auf diese Art und Weise wichtig zu machen.

Wenn es der Chef jetzt immer noch nicht gemerkt hat, dann kommt er in die Bürokratie. Dann ist der Zerfall vorprogrammiert. Ich glaube, dass ein junger Mann, der die Beamtenlaufbahn einschlägt, zunächst hoch motiviert sein kann. Das ist auch völlig in Ordnung. Wenn der aber mit 28 Jahren Chef der Autozulassungsstelle geworden und mit 30 Jahren auf der Gehaltsliste nach oben gefallen ist, hat er irgendwann sein einziges Erfolgserlebnis damit, dass er Sie wieder nach Hause schickt, wenn Sie Ihr Auto anmelden wollen, weil Sie irgendein Papier vergessen haben. Das ist ja das Traurige. Wir fallen immer wieder in diese Komfortzonen, wenn wir nicht ständig neue Herausforderungen bekommen.

Und das, was wir beim einzelnen Menschen gesehen haben, das stimmt natürlich auch bei Teams. Ich muss auch den Mix von Persönlichkeiten in einem Team abstimmen. Stellen Sie sich bitte einmal eine Fußballmannschaft vor, mit elfmal Lothar Matthäus. Elf Opas, das kann doch nicht gut gehen!

Ich brauche einen Erfahrenen, ich brauche einen Heißsporn, ich brauche einen Strategen, einen mit Überblick und einen Kämpfer.

Lebenszyklus von Herausforderung und Personen abstimmen!

Lebenszyklus der Führungskraft

Lebenszyklus der Aufgabe, des Bereichs

Lebenszyklus des Teams

GlOW & TiNgle

© by Klaus Kobjoll Seminar

Die Mischung macht es letztlich aus. Und diese Lebenszyklen, von denen wir gerade sprechen, müssen bei der Führungskraft einmal festgelegt werden, auch bezogen auf die Abteilung, die er übernehmen soll.

Weiterhin muss dann das Team zum Lebenszyklus um die Führungskraft herum passen. Schauen wir uns das einmal in der Praxis an. Zunächst noch drei Sätze Theorie. Ich glaube, dass diese Lebenszyklen in Zukunft eine Schlüsselrolle einnehmen werden, weil alles, was in den letzten Jahren sehr gut funktioniert hat, in Zukunft nicht zwangsläufig so klappen muss. Was ist, wenn eine gute Führungskraft zum Beispiel keine Leistung mehr zeigt? Die meisten Unternehmer gehen dann her und sagen: «Mensch, das wird schon wieder, er ist 15 Jahre eine Spitzenkraft gewesen, der wird irgend so eine Krise haben, das ist in drei Monaten wieder vorbei! Lasst ihn in Ruhe.»

Aber es stimmt eben nicht, dass es zwangsläufig weitergehen

muss. Es klappt nicht mehr. Der Lebenszyklus passt nicht mehr. Wir unterschätzen die Phase des Lebenszyklus bei solchen Schlüsselpersonen.

Und jetzt kommt die Feigheit ins Spiel. Wir haben emotionale Barrieren, jemandem ins Gesicht zu sagen: «Hör mal, du passt von deinem Zyklus her nicht mehr zu der Aufgabe; wir müssen dir eine neue Aufgabe suchen.» Also holen wir einen Coach oder einen Psychologen, wir machen systemische Familienaufstellungen oder Firmenaufstellungen nach Hellinger. Da sind die Kliniken voll mit den Opfern, nur weil wir zu feige sind zu sagen: «Du passt von deinem momentanen Zyklus her nicht mehr zu diesem Job, den du machen sollst.»

Und jetzt wird umorganisiert. Das sind eigentlich nur Ersatzhandlungen. Denken wir es jetzt einmal in der Praxis. Wir stellen uns vor: ein Parfümeriegeschäft in einer Stadt mit 10 000 Einwohnern, ein ganz reifes Geschäft, so am Höhepunkt stehend, wo die kaufkraftstarken Damen einkaufen. Also Kanebo, Shseido, Sisley,

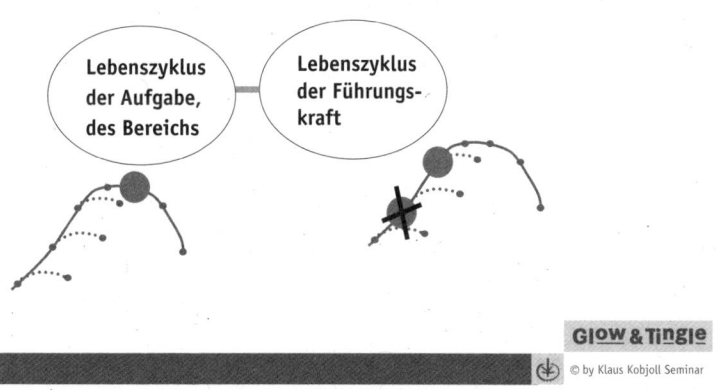

Die Herausforderung und die Führungskraft aufeinander abstimmen!

eben die etwas teureren Produkte. Und jetzt heiratet meine Filialleiterin oder wird pensioniert, und ich brauche eine neue.

Glauben Sie, dass es gut geht, wenn ich jetzt einer jungen Dame die Leitung des reifen Geschäfts übertrage? Es kann natürlich gut gehen, muss aber nicht. Besser wäre es, ich würde einer etwas reiferen Person dieses reifere Geschäft anvertrauen. Warum? Weil junge Leute nur eines wollen: verändern! Sie wollen nur verändern, sich Sporen verdienen und Spuren hinterlassen. Die junge Person wird da hineingehen und sagen: «Was ist denn das für ein Saftladen! Das ist ja alles so Laura-Ashley-puffig, da muss erst einmal kräftig ausgemistet werden.» Glas, Stahl, Beton und sonst was. Aber die reife Kundschaft, die daran gewöhnt ist, die will das gar nicht.

Hier wäre es natürlich einfacher, jemanden zu suchen, der genau vom Zyklus her für diese Aufgabe jetzt passt. Das würde für unseren Einstellungsfilter bedeuten, nicht einfach nur 08/15-Stellenprofil-Anzeigen zu schalten, sondern den Lebenszyklus der Person mit dem Bereich sorgfältig aufeinander abzustimmen. Dem potenziel-

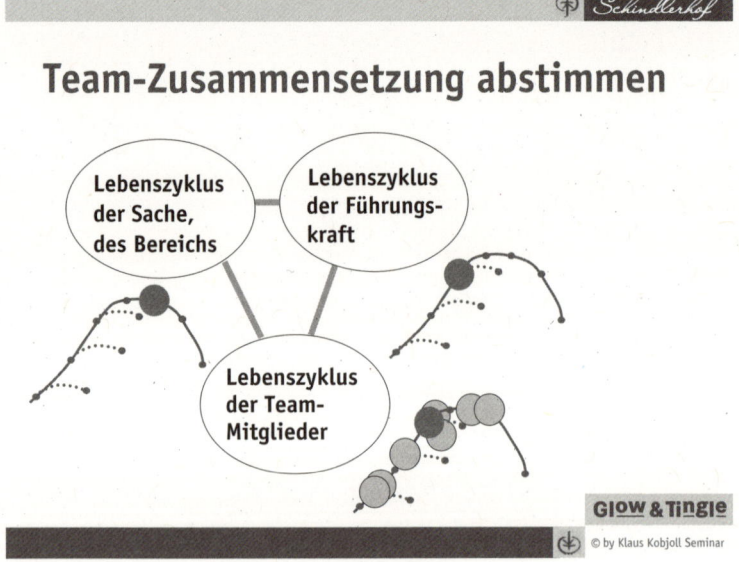

178

len Bewerber muss klargemacht werden: «Was ist denn Ihre besondere Aufgabe? Was ist Ihr Beitrag in dieser Filiale?» Das, was von ihm oder von ihr verlangt wird, sollte in den Zielvereinbarungsprozess schriftlich mit aufgenommen werden: «Sie übernehmen hier ein reifes Geschäft, und hier geht es nicht darum, ständig die Schlagzahl zu erhöhen oder Innovationen reinzubringen.» Die Frage ist eben: Muss man denn ständig verändern? Nein. Es gibt eben auch reife Geschäfte, wo man nicht immer alles sofort verändern muss. Wo man es eben ganz behutsam angehen muss.

Und der nächste Schritt ist dann, dass ich das Team dazu zusammenstelle. Es ist ganz wichtig zu verstehen, dass diese Stellungen nichts mit dem Alter zu tun haben. Es gibt 60-Jährige, die da unten durchstarten, und es gibt 21-Jährige, die sich wie Tattergreise verhalten und kurz vor der Bürokratie sind. Alter ist ja bekanntlich keine Frage von Jahren.

Wichtig ist nur, dass wenn das jetzt eine größere Einheit wäre, diese sechs oder sieben Leute miteinander können und zusammenpassen. Also bei uns haben Sie gesehen, dass wir eine sehr hohe Ausbildungsquote haben, das ist an der Grenze. Wenn wir 22 Lehrlinge zu 53 Profis haben, so würden uns noch ein paar Reife ganz gut tun, sage ich einmal – ganz vorsichtig.

Zum Abschluss dieses Führungsbausteins: Ich hoffe, jetzt wird der Satz von gestern auch noch mal klarer, es geht um den Aufbau sich selbst revitalisierender Managementsysteme, um die Entwicklung einer Handlungskultur, nicht um Gerede. Und es wird völlig klar: Wir brauchen in der Linie starke Führungspersönlichkeiten.

Mitarbeiterorientierung

Das nächste Thema schließt natürlich nahtlos an die Servicequalität an, das Kriterium drei im EFQM-Modell: *People Orientation* – Mitarbeiterorientierung. Uns fehlt nämlich noch die höchste Säule der Qualität, die Wirkung, die die Mitarbeiter beim Kunden auslösen. Das ist fast etwas Feinstoffliches, die Resonanz, die jemand auslöst.

Das kann nur ein Blickkontakt sein, über drei Regale hinweg, das kann ein Händedruck sein, das ist einfach irgend etwas, was einen unbewusst berührt. Das hat etwas damit zu tun, ob der Mensch überhaupt in der Lage ist, andere Menschen zu berühren.

Nach der aktuellen Gallup-Studie aus dem Jahr 2006 sind lediglich 13 Prozent der deutschen Arbeitnehmer hoch motiviert und engagiert bei der Arbeit, 69 Prozent der Deutschen machen Dienst nach Vorschrift, sind also immer nach 40 Stunden müde. 18 Prozent haben bereits innerlich gekündigt. Mit anderen Worten: Wieder ein Charakter defekt; ich habe eigentlich keinen Bock, aber ich bleibe da drin, weil ich am Schluss sonst gar keinen Job habe, aber Lust habe ich keine.

Ich habe diese Studie auch für die anderen deutschsprachigen Länder: Bei den Österreichern sind wenigstens 19 Prozent der Mitarbeiter hoch motiviert, in der Schweiz gar 22 Prozent.

Spannend wäre es zu wissen, ob es eine Korrelation zwischen dem Reichtum eines Landes und dem Motivationsgrad der *Working-Force* gibt. Denn wir müssen nicht lange diskutieren, dass die

Österreicher und die Schweizer im Moment besser aufgestellt sind als die Deutschen.

Ich bin davon überzeugt, dass sich Herzlichkeit nicht erlernen lässt, sondern es ist ein Talent, das einer hat oder auch nicht. Es gibt Menschen, die haben empathische Fähigkeiten, sie können mitfühlen. Ich finde, dass man bei einer guten Apothekerin auch spürt, wie sie bis zu einem gewissen Punkt mitleidet, wenn gerade einer seine Geschichte erzählt. Auch ein guter Arzt leidet mit.

Es sind also Menschen, die neugierig auf andere sind, ja die sich auch für andere Schicksale interessieren, bei denen es sich nur lohnt, die Herzlichkeit weiter auszubauen. Man kann sie dann natürlich mit Weiterbildung ausbauen. Wenn aber das Talent dafür nicht vorhanden ist, ist das wie Perlen vor die Säue geschmissen. Ein Mensch ohne Talent zieht dann vielleicht, weil er es gelernt hat, die Lefzen nach oben. Das sieht dann so ähnlich aus, als ob er lächelte; dabei ist er bloß trinkgeldgeil, nur angelernt, das kommt nicht von innen. Und wenn diese Gallup-Studie nur einigermaßen stimmt, dann sind wir alle gut beraten, sehr sorgfältig unsere Mitarbeiter auszuwählen und uns nicht vom Leidensdruck leiten zu lassen.

Es gibt Leute, die in einer Notsituation sagen: «Wir brauchen dringend jemanden, Hauptsache er hat zwei Hände und zwei Füße.» Aber diese Einstellungspolitik ist ein Fehler. Und gerade in Deutschland ist es ja so, dass wir eine Person nach einem personellen Fehlgriff nicht mehr so schnell loswerden. Und was sich keiner mehr leisten kann, das ist, einen repräsentativen Querschnitt durch die Bevölkerung zu beschäftigen! Das geht nicht mehr.

Ich möchte Ihnen als Nächstes zeigen, wie wir an diese 13 Prozent hoch motivierter Menschen herankommen. Wir haben eine Mitarbeiterbroschüre, *Good Vibrations,* die ist zweisprachig. Diese verschicken wir an Gymnasien hier im nordbayerischen Gebiet, an die Industrie- und Handelskammer, wo die Meisterprüfungen für unsere Berufe abgehalten werden, und an die Abschlussklassen der wichtigsten europäischen Hotelfachschulen, verbunden mit der Bitte, sie den Schülern zugänglich zu machen.

Und jetzt gibt es zwei Möglichkeiten. Variante eins sieht so aus: Die Lehrer rufen an und fragen: «Dürfen wir mit unserer Abiturklasse oder ein Jahr vorher mit der 12. Klasse zu einer Hausführung ins Hotel kommen? Oder könnte von Ihnen jemand zu uns in die Schule kommen und einen Vortrag über die Möglichkeiten in diesen Berufen halten?» Das messen wir natürlich. Wir haben im Jahr 2005 insgesamt 875 Schüler und Studenten in kleinen Gruppen durch das Haus geführt. Das ist verdammt viel Arbeit. Alles findet mit Kaffee und Kuchen am Sonntag statt, immer mit einem Vortrag von einer Führungskraft, immer mit Diskussion mit einigen Mitarbeitern.

Ich weiß von den Lehrern, dass die Gallup-Studie nicht falsch ist. Die meisten Schüler sagen auf dem Heimweg: «Dort möchte ich nie arbeiten.» Allerdings berichten die Lehrer auch, dass ein paar immer dabei sind, die sagen: «Irgend etwas hat uns fasziniert; wenn ich mit meiner Schule fertig bin, dann bewerbe ich mich dort.»

Und dann messen wir wieder. Im letzten Jahr hatten wir 210 klassische Bewerbungen, ungefragt, und dann noch einmal 82 über das Internet. Aus diesen 292 Bewerbungen filtern wir dann die Leute heraus, die am besten zu uns passen. Das sind jene, die vor allem empathische Fähigkeiten mitbringen. Unter bestimmten Bedingungen kann es auch mal eine Anzeige in der Fachpresse geben, wenn wir Menschen mit bestimmten Qualifikationen brauchen.

Wenn wir eine Anzeige schalten, ist das obere Drittel immer der gleiche Text: *Familiy owned, proudly independent!* Eigentlich sind wir kein Hotel, sondern eine Unternehmerschule für zukünftige Entrepreneure. Einige Jahre in unserer legendären Führungscrew, und Sie haben alles, was Sie für ihre eigene Selbstständigkeit oder jede andere Karriere brauchen. Die folgenden Nachwuchspositionen warten auf talentierte und leistungshungrige Bewerber, am liebsten ohne Konzernerfahrung.»

Dann melden sich nur ganz wenige. Aber die richtigen.

Ich habe früher immer Anzeigen abgekupfert, von Hennes & Mauritz oder von Douglas, die die tollen Anzeigen schalten. Da stand als Headline: «Heute schon gekündigt?» Oder: «Behalten Sie Ihren Beruf, aber wechseln Sie Ihren Chef!» Oder eine kam besonders gut an: «Stellen Sie sich vor, Arbeit macht Spaß und Sie gehen hin!» Aber es war fatal. Da kamen an die 100 Bewerbungen und ich machte mir drei Bürotage kaputt, aber es war nichts dabei.

Wenn jemand zwischen den Zeilen lesen kann, spürt er sofort, dass hier Leistung gefordert ist. Da wird einem nichts geschenkt. Das ist ein ganz spezielles Umfeld der Arbeit. Lieber weniger Bewerber, aber die wissen von vorneherein, worauf sie sich einlassen! Wenn wir jetzt so eine Bewerbung haben, dann läuft sie – so kann man es sich einfach merken – durch den Nürnberger Trichter. Oben kommen die Bewerbungen hinein, dann gibt es neun Filter, die zwischengeschaltet sind. Unten tröpfelt nur noch ganz wenig heraus.

Ich warne Sie gleich vorher: Das darf kein Dogma sein. Ich sage

Einstellungsfilter

1. Selbstdarstellung des Unternehmens
2. Vorstellungsgespräche mit Azubis an Sonn- und Feiertagen terminieren
3. Ausführliche Hausführung an alle Schandflecke des Unternehmens
4. Partner-Analyse
5. Persönliches Gespräch (Sympathie, leuchtende Augen, Konzernerfahrung?)
6. Zweitägige Arbeitsprobe
7. Graphologisches Gutachten (meist nur bei Führungskräften)
8. Spielvertrag und Spielregeln
9. Lange Probezeit

GlOW & Tingle

Einstellungsfilter

 © by Klaus Kobjoll Semina

Ihnen nicht, Sie müssen es so machen. Es muss zu Ihnen passen. Ich zeige Ihnen, wie wir es machen, und ich zeige Ihnen auch unsere Zahlen dazu. Und Sie entscheiden dann, wie Sie es machen wollen.

Erster Filter: Wir stellen uns vor. Wenn ich jetzt diese Bewerbung im Haus habe, dann geht unsere Bewerbung heraus. Wir schicken ein Unternehmensleitbild, in dem der Bewerber nachlesen kann: «Dienen kommt vor dem Verdienen» und: «Der Gast bestimmt die Öffnungszeiten.» Da sagen schon 10 Prozent ab.

Dann liegt ein Organigramm bei, das ein Kreuzchen an der Stelle hat, die neu zu besetzen ist. Der Bewerber sieht sofort, wie unser Haus organisiert ist, wie viele Vorgesetzte und Kollegen er hat und in welchem Leistungsbereich er eingesetzt ist. Er sieht genau die Struktur.

Dann lege ich einen dreiseitigen Lebenslauf von mir mit allen Stationen bei. Und einen Warnbrief. In dem schreiben wir sinngemäß: «Bitte studieren Sie diese Unterlagen sehr genau, schließlich geht es nicht nur für uns, sondern auch für Sie um eine sehr wichtige Entscheidung, sich ganzheitlich einzubringen in ein Unternehmen, dessen Ziele Sie gut finden sollten. Wenn Ihnen das nicht gefällt, dann gehen Sie lieber woanders hin.»

Dann kommt die nächste Erschwernis. Da steht: «Aufgrund unseres außergewöhnlichen Mitarbeitermodells bekommen wir sehr viele Bewerbungen. Sicherlich haben Sie deshalb Verständnis, dass wir die Fahrtkosten für das erste Zusammentreffen nicht übernehmen wollen.»

Ich will keinen Deutschland-Tourismus finanzieren. Natürlich werden auch Ausnahmen gemacht, wenn der Lehrling aus Hamburg anruft und sagt: «Ich habe nur noch 20 Euro für Benzin im 2CV», dann sagt natürlich jemand an der Rezeption: «Komm, sammel deine Rechnungen, das übernehmen wir.» Aber zunächst ist es eher abschreckend. Und da sind bereits 15 Prozent der Bewerber schon gegangen. Die Zeit habe ich mir dann schon gespart. Wer sich nicht abschrecken lässt, wird eingeladen.

Der Filter Nummer zwei gilt nur für Auszubildende: Vorstellungsgespräche mit unseren Auszubildenden führen wir immer an Sonn- und Feiertagen. Da sagt ein Drittel vorher ab.

Manche rufen noch nicht einmal an. Bei manchen ruft die Mutter vorher an und sagt: «Der Sohn hat am Sonntag einen Termin, ich will Ihnen nur sagen, der kommt nicht.» Er muss sich den Berufswunsch noch einmal überlegen. Also helfen Sie ihm beim Entscheiden: Eine Metzgerei sollte Vorstellungsgespräche mit Auszubildenden morgens um fünf Uhr durchführen, und zwar im Schlachthof, am Montag, an der Stelle, wo die Tiere in die Zange laufen... Bäckerei: vier Uhr früh. Das sind die Arbeitszeiten für den Bäcker für die nächsten 20 Jahre.

Und wenn ich ein Baugeschäft hätte, würde ich diese Gespräche mit den Lehrlingen im November machen, am Rohbau ohne Dach, bei strömendem Regen, um zu sehen, ob der Junge überhaupt wasserdicht ist. Wenn Sie Pech haben, läuft er später mit einem Plakat durch die Welt, wo draufsteht, was ihm alles zusteht: Schlechtwettergeld, Weihnachtsgeld, Urlaubsgeld – als ob alles auf den Bäumen wächst!

Der nächste Filter ist eine Frage der Fairness: ausführliche Hausführung an die Schandflecke des Unternehmens. Wir sind ein Gründungsunternehmen, der gesamte Laden ist denkmalgeschützt. Ich darf kein Fenster vergrößern, ich darf keine Wand rausreißen.

Das hat Konsequenzen. Unsere Küche hat einschließlich der Spülküche 33 Quadratmeter Grundfläche. Der reine Küchenumsatz macht 2 Millionen Euro aus, alles *à la minute*. Sie können sich vorstellen, dass es da auch im Winter 40 °C hat, und im Sommer noch etwas mehr. Wir arbeiten zum Teil mit Küchenmobiliar wie aus dem U-Boot. Man kann Arbeitsflächen aus Stahl abklappen, damit man wieder vorbeilaufen kann.

Ich finde es nur fair, so etwas vorher zu zeigen, als nur Sonntagsgrinsen und dann den Showroom vorzuführen. Und Chef-Büro.

Wenn der Bewerber nach der Hausführung immer noch da ist,

gibt es eine Tasse Kaffee, und er füllt eine so genannte Partneranalyse aus. Das ist ein mehrseitiger Fragebogen, und es geht um Dinge wie sie nicht in jeder normalen Bewerbung stehen.

Er legt am Ende dieser Partneranalyse sein Wunschgehalt selbst fest. Unsere Profis legen ihr Gehalt grundsätzlich selbst fest. Und es gibt noch eine Hilfestellung: «Bitte legen Sie Ihr Wunschgehalt selbst sensibel fest und berücksichtigen Sie dabei ausreichend Ihr bisheriges Gehalt.» Wenn Sie sich mit Personalberatern unterhalten, werden Sie hören, es sei legitim, 15 Prozent mehr zu verlangen, wenn sich jemand aus einem ungekündigten Arbeitsverhältnis heraus verbessern will. Da müsste er blöd sein, wenn er es für den gleichen Preis machte. Meine Schallmauer ist auch in etwa 15 Prozent.

Aber ich bin kein Zahlenmensch. Meine Führungskräfte haben hinter den Kulissen so genannte Lohnkorridore festgelegt, wie viel diese oder jene Position kosten darf. Und wenn er sich im Lohnkorridor festlegt, dann wird ein Haken dahinter gemacht. Wenn er sich überschätzt, dann hat er Pech gehabt. Ich bin kein Pferdehändler, der sagt: «Würden Sie es auch billiger machen?» Das machen wir nicht!

Die Partneranalyse ist dann die Grundlage für den Filter Nummer fünf. Und das ist ein persönliches Gespräch. Heute macht das meine Tochter und zum Teil immer noch meine Frau. Früher habe ich diese Gespräche immer selbst gemacht.

Und uns geht es letztlich nur um drei Dinge. Es geht uns erst einmal um gegenseitige Sympathie. Sie können auf Dauer nicht zusammenarbeiten, wenn die Chemie nicht stimmt. Weil es nicht ausbleibt, dass man sich einmal streitet oder sich auch einmal daneben benimmt, und dann muss die Sympathie einfach vorhanden sein. Außerdem wollen wir wissen: Leuchten die Augen eines Bewerbers, wenn wir uns über den Beruf unterhalten? Da brauchen Sie auch nicht lange, um das herauszufinden. Das sieht man Menschen an, an der Mimik, an der Geste, an der Körperhaltung, ob sie eben wirklich mit dem Herz dabei sind oder ob sie einen Job suchen, weil sie Geld brauchen.

Das Dritte, was wir abklären, ist Konzernerfahrung. Auch da gibt es eine schriftliche Anweisung von mir, dass wir Mitarbeiter mit Konzernerfahrungen nur in begründeten Ausnahmefällen nehmen, da sie in der Regel für den Mittelstand versaut sind. Mit einer Ausnahme: Führungskräfte! Ich habe kein Problem damit, eine Führungskraft aus dem Konzern zu holen, weil die Führungskräfte im Konzern hart arbeiten müssen. Auch da gibt es keine 40-Stunden-Woche.

Aber die so genannten gewerblichen Mitarbeiter lassen sich den Gang zum Klo noch auf die Arbeitszeit anrechnen. Die wollen am ersten Tag wissen, wo die Tür vom Betriebsrat ist. Oder sind die Überstunden schon genehmigt? Es ist völlig legitim, dass Sie sich aus den 6 Milliarden Spielkameraden ihre Leute so aussuchen, dass sie zu Ihnen passen.

Jetzt kommt der wichtigste Filter: «Die Familie hatte zwar beim persönlichen Gespräch ein Vetorecht»; wir können sagen: «Mit dem mögen wir nicht.» Wenn wir allerdings nicht von dem Vetorecht Gebrauch machen, haben wir keinen Einfluss mehr darauf, wer den Job bekommt.

Jetzt kommt eine zweitägige Arbeitsprobe in dem Bereich, für den der Bewerber sich beworben hat. Unsere Auszubildenden gehen dann regelrecht durch mehrere Leistungsbereiche durch. Und damit unsere Gäste gewarnt sind, gibt es Buttons, wo draufsteht: «Aktion pro Praktikum», damit sie, wenn er mit der Rotwein-Flasche kommt, gleich wissen, dass er heute übt. Wir haben Praktikanten zwar gekennzeichnet, aber nur in diesen zwei Tagen.

Nach dieser Arbeitsprobe entscheidet das Team, wen es haben will. Und es ist nicht immer mein Wunschkandidat. Das Team muss ja schließlich den ganzen Tag mit dem zusammenarbeiten und nicht ich. Das finde ich außerordentlich wichtig.

Mobbing kann nur dann entstehen, wenn Sie in ein Hochleistungsteam einen Fremdkörper hineinpflanzen, ohne das Team zu fragen. Wer kränkt, macht krank. Da gibt es die kleinen Nadelstiche, und dann befinden Sie sich schon mitten im Mobbing.

Dann kommt der nächste Filter; er ist durchaus umstritten: ein grafologisches Gutachten. Ich nehme eine Seite Handschrift aus der Partneranalyse und schicke sie unserem Grafologen. Er schickt dann ein einseitiges Exposé. Man kann aus der Handschrift eines Menschen sehr wohl Rückschlüsse auf seinen Charakter, auf seine Gesundheit, auf alles Mögliche schließen. Wenn Sie allerdings nicht daran glauben, dann lassen Sie es einfach weg.

Jetzt zittert nur noch einer, und das bin ich. Jetzt schicken wir unseren Spielvertrag zu. Das ist unser Arbeitsvertrag. Und unsere Spielregeln. Da steht drin, dass sich die Arbeitszeit nach den Erfordernissen des Betriebes richtet, dass sie 45 Stunden beträgt, und dass er anbietet, notwendige Überstunden zu leisten, die nicht separat vergütet werden.

Und der letzte Filter, da müssen wir auch nur selten davon Gebrauch machen, das ist eine lange Probezeit, bei Lehrlingen haben wir auch nur vier Monate, die die IHK vorgibt, bei den anderen haben wir in der Regel sechs Monate.

Jetzt haben Sie die harte Seite des Unternehmens kennengelernt. Manche werden jetzt denken: «So ein Frühkapitalist, der stellt ganz schön hohe Ansprüche an seine Mitarbeiter.» Aber jetzt zeige ich Ihnen auch die andere Seite der Medaille. Bevor ich Ihnen die aber zeige, braucht es Marktforschung beim Mitarbeiter.

Wir machen alle Marktforschung am Kunden. Wir wissen genau, dass die Leute immer weniger Urlaub machen, dass der Trend zur zweiten Uhr, zum dritten Buch geht und so weiter. Überall wird Marktforschung gemacht. Warum machen wir das eigentlich nicht bei unseren Mitarbeitern? Warum wissen viele nicht, was die Mitarbeiter eigentlich wollen?

Ich habe hier zwei Studien. Die eine ist sehr alt und stammt vom Institut für betriebliche Weiterbildung in Berlin, wird aber immer wieder erneuert. Es ist ganz offensichtlich, dass die meisten Führungskräfte immer noch nicht wissen, was heute ihre Leute wollen. Viele Führungskräfte glauben nämlich, auf dem ersten Platz der

Hitliste stehe das hohe Einkommen, gefolgt von guten Arbeitsbedingungen.

Und genau so entstehen Tarifverträge: Rote Socke und seniler Arbeitgeberpräsident reden über weniger Stunden und mehr Geld. An vorletzter Stelle, glauben viele Führungskräfte, käme Anerkennung für gute Arbeit! Die sollen sich doch entscheiden, was sie wollen: Geld oder Liebe! Aber beides geht nicht. Na klar: Die genaue Firmenzielsetzung geht die Angestellten schon mal gar nichts an. Ob wir morgen fusionieren oder verkaufen, die Mitarbeiter gleich mitverkaufen oder entlassen, das werden sie schon rechtzeitig genug aus der Zeitung erfahren. Wir können jeden Tag in der Zeitung nachlesen, dass es in der Praxis nicht viel anders aussieht.

Wenn die Mitarbeiter direkt gefragt werden, was für sie im Arbeitsleben wichtig sei, kommt an erster Stelle «Anerkennung für gut geleistete Arbeit»!

Das sagte schon Dale Carnegie: «Der größte Wunsch aller Menschen ist der Wunsch nach Bedeutung.» Ich werde geschätzt, ich werde gebraucht! Und die Antwort auf dieses erste wichtigste Bedürfnis ist zunächst das kleine Zauberwort «Danke». Das kommt vielen schon verdammt schwer über die Lippen, frei nach dem schwäbischen Muster: Nicht geschimpft ist schon genug gelobt! Ich sage dir schon, wenn du es falsch machst! Solange du es richtig machst, brauche ich auch nicht mit dir reden.

An zweiter Stelle kommt die genaue Kenntnis der Firmenzielsetzung. Die Leistung kostet nichts außer Ehrlichkeit, Transparenz, ein bisschen Hirnschmalz, sich hinzusetzen und langfristige Unternehmensziele zu entwickeln, den Jahreszielplan zu kommunizieren und auch Transparenz zuzulassen. Wenn der Unternehmener das macht, hat er das zweitwichtigste Bedürfnis abgedeckt!

An dritter Stelle der Mitarbeiterbedürfnisse steht das Eingehen auf private Sorgen. Die Schindlerhof-Mitarbeiter haben Anrecht auf zinsfreie Darlehen, wenn einer ein finanzielles Problem hat. Das ist nicht viel Geld, denn es gibt eine gesetzliche Höchstgrenze, wieviel der Arbeitgeber zinsfrei geben kann, etwa 2000 oder 3000 Euro. Das kann aber für ein halbtags arbeitendes Zimmermädchen lebensrettend sein, wenn sie gerade eine Scheidung durchläuft.

Ich übernehme Bürgschaften für Führungskräfte, damit sie Wohneigentum kaufen können. Zu ihrer Unterstützung steht ihnen aber vorher der Steuerberater zur Verfügung (bei denkmalgeschützten Wohnungen kann man bis zu 90 Prozent abschreiben; muss man aber erst mal wissen...). Und wenn einer aus der Führungscrew kein Geld hat, dann bekommt er eben eine Bürgschaft von mir. Ich besorge auch die Bank, mit Vorzugskonditionen. Dieses Eingehen auf private Sorgen bedeutet nicht, dass wir überall herumschnüffeln, aber wenn ein Mitarbeiter von sich aus kommt und sagt: «Ich habe da ein Problem», dann ist es unser Problem.

Zurück zu den Mitarbeiterbedürfnissen. Das gute Einkommen kommt erst an vierter Stelle. Herzberg sagt: «Geld ist ein Hygienefaktor.» Ich sage es doch etwas deftiger: Es ist ein Hygienefaktor wie ein Aftershave. Wenn ich einmal ein bisschen mehr Aftershave gebe oder auch Nachtcrème bei den Damen, gewöhnt man sich schnell an den Extra-Splash! Deswegen ändert sich aber das Leben nicht besonders. Die Hygienefaktoren müssen stimmen. Wenn sie nicht stimmen, dann ist es natürlich schlecht. Wenn Sie Mitarbeiter mit Erdnüssen bezahlen, dann sind Sie von Schimpansen umgeben. Da gibt es einen kausalen Zusammenhang. Deshalb muss auch ich vielleicht einmal eine Lanze für manche Tarifvereinbarungen brechen. Vielleicht ist es noch gut, dass es Gewerkschaften gibt, weil in manchen Fällen die Hygienefaktoren nicht stimmen.

Ich habe Betriebsvergleiche mit anderen, mit uns vergleichbaren Hotels gemacht, deren Personalkosten alle bei 28 Prozent liegen; wir liegen bei 32 Prozent. Wir leisten uns da einfach ein paar Prozent mehr. Ich kann nicht immer die Spitzenleistung abfordern und dann auf den Tarif pochen – das passt nicht. Das muss einfach stimmen.

Die guten Arbeitsbedingungen stehen auf der Wunschliste

interessanterweise an vorletzter, an neunter Stelle. Wir haben noch keinen Mitarbeiter verloren, der im Kündigungsgespräch gesagt hat: «Wegen der zu langen Arbeitszeiten verlasse ich euch jetzt.» Die fangen gar nicht erst bei uns an! Wenn sich aber einer für uns entschieden hat, dann scheitert es doch nicht an drei oder vier Stunden pro Woche mehr oder weniger.

Jetzt komme ich zur zweiten Studie. Da wurden Hochschulabgänger gefragt: «Was spornt Sie bei der täglichen Arbeit an?» Häufigste Nennung mit 72 Prozent war die Eigenverantwortung, die Selbstständigkeit. Darüber haben wir in diesem Seminar schon gesprochen: Richtig und so delegieren, dass die Kompetenzen mit delegiert werden.

An zweiter Stelle folgt das gute Arbeitsverhältnis mit den Kollegen. Allein dieser Filter, zweitägige Arbeitsprobe und dann das Team entscheiden lassen, wen es will, ist die Leistung auf das zweitwichtigste Bedürfnis. An dritter Stelle: Herausforderungen. Wir wollen Prinzessinnen nach Hause holen! Wir wollen Challenges bestehen, wir wollen Endorphin produzieren. Und Sie sehen auch hier, die geringste Nennung mit 34 Prozent: Das wäre dann das hohe Gehalt.

Jetzt kommen wir zu den Leistungen. Bei uns beginnen die Leistungen für die Mitarbeiter in dem Moment, wo der Arbeitsvertrag unterschrieben ist. Dann gibt es bei uns einen Steckbrief an der Weißwandtafel neben unseren Postfächern. Da steht drauf: «Vorhang auf für unseren neuen Mitspieler! Wir begrüßen sehr herzlich Elisa, ab dem 5. September unsere neue Tagungsassistentin.» Das hat bei unserer Betriebsgröße den Vorteil, dass sich Namen und Gesichter bereits vor dem ersten Arbeitstag schon einmal verknüpfen. Ich finde es ätzend, wenn einer am ersten Arbeitstag dreimal blöd angeredet wird: «Wer sind denn jetzt eigentlich Sie, ich habe Sie noch gar nicht gesehen!» Und der arme Kerl muss sich jedes Mal vorstellen. Jetzt ist es eben umgekehrt: «Schön, dass Sie hier sind, Elisa. Wir freuen uns auf Sie. Komm, setze dich zu uns an den Tisch zum Mittagessen.» Dann gibt es eine kleine Welcome-Party. Früher haben wir die wirklich bei jedem einzelnen Mitarbeiter gemacht. Heute fassen wir das ein bisschen zusammen, indem wir ungefähr etwa alle sechs Wochen am Nachmittag eine Team-Party machen. Wir begrüßen unsere neuen Mitarbeiter mit Champagner. Es gibt einen Stadtplan von Nürnberg, einen Kneipen-Führer durch die Szenelokale der Stadt sowie Visitenkarten mit der Geschäfts- und der Privatanschrift. Letztere allerdings erst nach der Probezeit.

Dann gibt es noch einen Gutschein für ein traditionelles Nürnberger Bratwurstessen für zwei Personen und einen dicken Blumenstrauß. Die Azubis bekommen zusätzlich noch Schultüten, mit Berichtsheften, Süßigkeiten, Managementliteratur, einem Gutschein über eine Frisurberatung, einschließlich Haarschnitt, beim besten Coiffeur der Stadt.

Gestern haben zwölf neue Lehrlinge angefangen. Zu dieser Azubi-Party kommen in etwa 70 bis 80 Leute. Wir laden nicht nur die jungen Kids ein, sondern auch die Eltern, und die kommen meistens geschlossen. Ein Vater eines neuen Lehrlings kam eine halbe Stunde später und sagte, er komme gerade aus Tokio und sei eben in Frankfurt gelandet. Er nahm sofort einen Zug nach Nürnberg und wollte unbedingt dabei sein, wenn sein Sohn heute hier in das Unternehmen offiziell eingeführt wird.

Da fragte ich ihn: «Mensch, wie lange sind Sie denn jetzt schon auf den Beinen?»

Da antwortete er: «22 Stunden.»

Aber das ließ er sich nicht nehmen, hier am Abend noch mal eine Stunde vorbeizuschauen. Die Eltern haben heutzutage ein großes Interesse daran, wo ihre Kinder beruflich landen. Was ist denn das für eine Unternehmenskultur? Kann ich mich auch darauf verlassen?

Wir haben die Betreuung so organisiert, dass es jeweils Paten für unsere Neuen gibt. Folgende alte Hasen übernehmen die Patenschaften: Je komplexer eine Unternehmenskultur ist, desto wichtiger ist es, dass da einer ist, der einen an die Hand nimmt und Fragen beantworten kann: «Was ist, wenn ich nach 22 Uhr einen Whiskey trinken will. Muss ich den voll zahlen oder halb? Oder wenn ich mit Freunden zum Essen komme, ist das überhaupt erlaubt? Bekomme ich da einen Sonderpreis?»

Mit dem ersten Gehalt kommt dann der erste Dankbrief von mir: «Es ist mir eine Freude, Ihnen Ihr erstes Gehalt zu überweisen, das wird sehr schnell fünfstellig oder sechsstellig, und das liegt ganz allein an Ihnen.» An mir, sage ich immer, liegt es nicht. Denn ich zahle sie ja nicht. Die Gehälter zahlt immer der Kunde! Und dann gibt es ein Buch von Dale Carnegie geschenkt: «Wie man Freunde gewinnt.» Das zu verstehen ist eigentlich eine Grundvoraussetzung (Wir haben das schon abgehandelt). Vorher sollte man niemanden ans Telefon lassen!

Dann gibt es nach der Probezeit die erste kleine Mitarbeiterbefragung. Die hat noch kein 360°-Feedback, sondern nur so ein Einfangen des Stimmungsbildes. Es dauert etwa zehn Minuten: «Wie gefällt es dir bei uns? Wie bewertest du unser Betriebsklima? Was hat dich positiv bei uns überrascht? Was hat dich mehr negativ überrascht? Welche Punkte haben dir in deinem letzten Job besonders gut gefallen? Und was schlägst du uns von dort zur Übernahme vorvor?» Wir haben viele Ideen aufgegriffen, die in anderen Unternehmen entstanden und von ihren Mitarbeitern dann quasi bei uns als Vorschlag mit eingegangen sind. Wenn das Rad schon erfunden ist, dann müssen Sie es nicht zwangsläufig neu erfinden.

Dann kann man es wunderbar übernehmen. Dann fragen wir weiter: «Welches Thema liegt dir ganz besonders am Herzen? Welches sind deine Wünsche für die weitere Zusammenarbeit?» Wir trinken eine Tasse Kaffee, besprechen das kurz. Ich mache das Gespräch erst nach der Probezeit aus dem Grund, weil erst dann klar ist, dass wir zusammenbleiben wollen. Denn sonst hätten wir uns spätestens einen Tag vorher getrennt. Und dann bekommen Sie auch ehrliche Antworten. Ich persönlich halte nichts von anonymen Befragungen, die dann irgendein Soziologe hinterher auswurstelt.

Wenn es erst einmal losgeht mit Psychologen, dann habe ich schon stehende Nackenhaare. Wenn jemand schmutzige Wäsche waschen will, dann kann er auch seinen Namen dazu sagen.

Ein weiteres Motivationsbeispiel war der Ausflug mit der ISO-Gruppe der Lehrlinge. Die haben in ihrer Freizeit die ISO 14.001 absolviert und waren im Hotel Waldhaus am See in St. Moritz, dort steht die größte Whisky-Bar der Welt, im Guinness-Buch der Rekorde. Darüber habe ich schon berichtet (Seite 71).

Ein weiterer Ausflug mit meinen Lehrlingen ging nach London, auch wieder mit den Besten. Und zwar stand die Reise unter dem Motto: Geschäftsideen für die eigene Selbstständigkeit. Ich habe Trend-Scouts in den großen Städten, zum Beispiel die Läden, die wir in London besucht haben, unter anderem auch das «Momo», das Lieblingsrestaurant von Madonna.

Seitdem sind unsere Kids nur noch am Überlegen, mit welcher Geschäftsidee sie sich wann selbstständig machen könnten. Eine junge Dame, die auch dabei gewesen war, ist im Moment auf Neuseeland. Sie hat sich dort in einen Kettenladen verliebt und meinte, das sei genau das, wo sie hinwolle. Ich sorge in solchen Fällen über mein Netzwerk (Fachzeitschriften, Chefredakteure und so weiter) dafür, dass sie in den Ländern, wo sie hin möchten, dann auch wirklich einen Job bekommen.

Wir machen mit allen Lehrlingen zwei Ausflüge im Jahr. Beispielsweise haben wir einen zum 5-Sterne-Hotel-Hopping nach Ascona im Tessin durchgeführt. So konnten die jungen Leute gleich einmal sehen, was für Möglichkeiten für sie nach der Lehrzeit in der Schweiz existieren.

Es gibt immer eine Reise für alle, dann mal wieder nur für die besten fünf. Einmal habe ich meine Kids in Dublin am Flughafen abgeholt, und dann besichtigten wir dort ein paar irische Country-House-Hotels. Daneben wurden mit den Inhabern Gespräche darüber geführt, wie die Karrierechancen nach der Ausbildung im Schindlerhof auf der grünen Insel sind. Daneben werden solche

Reisen natürlich auch ein bisschen aufgelockert mit einem Incentive: Cogarties, Temple-Bar und dann natürlich irische Live-Musik und Guiness bis zum Abwinken.

Vor jedem Urlaub erhalten alle Mitarbeiter einen Dankbrief für ihre Leistungen in den vergangenen Monaten mit einem jährlich wechselnden Geschenk. Das kann schon einmal ein Tiffany-Schlüsselanhänger oder ein Reise-Schach oder ein Harry-Potter-Buch sein oder ein Sachbuch oder eben auch ein Schweizer Taschenmesser: «Pass gut auf dich auf und schneide dir nicht in den Finger.» Und wer aus dem Urlaub zurückkommt, der hat automatisch Post: «Ich hoffe, Sie haben sich nicht in den Finger geschnitten und freuen sich auf Ihre Kollegin so, wie wir uns auf Sie freuen. Die beiliegenden Pralinen sollen den Übergang vom Urlaub in den Alltag ein wenig versüßen. Wir freuen uns auf Ihren morgigen ersten Arbeitstag, mit arbeitswütigen Grüßen!»

Es geht dabei nicht darum, dass Sie für das Mitarbeitergeschenk unheimlich viel Geld ausgeben müssen, zum Beispiel eine Sacher-Torte in der Holzkiste, oder wie hier Buttlerpralinen aus Dublin – es kann genau so gut eine Packung Gummibärchen sein. Das haben wir auch schon einmal in einem heißen Sommer gemacht. Denn eigentlich geht es nämlich mehr um die Geste. «Mensch, die denken an mich, da weiß jeder, ich komme morgen aus dem Urlaub zurück», und nicht schlussendlich darum, was es kostet.

Wenn jemand am Geburtstag arbeitet, findet er seinen Arbeitsplatz so vor: Da steht morgens um sieben schon eine Kerze, es steht ein Kuchen da, es gibt ein kleines Geschenk, eine große Geburtstagskarte, die alle unterschreiben. So etwas läuft schon vorher zwei Wochen durch sämtliche Postfächer durch. Wer am Geburtstag frei hat, wird von mir angerufen. Ich habe in meinem Outlook alle Mitarbeiter als jährlich wiederkehrenden Termin eingegeben.

In der nächsten Woche wird es da bei mir einmal klingeln, weil einer unserer neuen Lehrlinge, die gestern angefangen haben, Geburtstag hat. Ich kann niemanden vergessen, weil ich daran erinnert werde. Und dort ist die Handy-Nnummer hinterlegt und die Nummer vom Festnetz. Und, egal wo ich bin, werde ich wohl ein paar Minuten Zeit finden, um anzurufen.

Zum einjährigen Betriebsjubiläum gibt es bei den Profis auch wieder ein kleines Geschenk, dazu eine Feier am Nachmittag und ein Glas Sekt. Das sind einfach Rituale. Und dann gibt es die Strahlemann-Brosche in Silber.

Zum dreijährigen Jubiläum gibt es das Gleiche in 18 Karat Gold. Zum fünfjährigen Jubiläum gibt es das Meisterstück von Montblanc, einen Kolbenfederhalter mit der Blindgravur des ersten Arbeitstages. Die zehnjährigen Jubiläen sind in der Hotellerie außerordentlich selten, da gibt es dann schon auch einmal eine zweiwöchige Kreuzfahrt auf der «Aida».

So eine Seereise läuft natürlich offiziell als ein Benchmark-Projekt. Ein Schiff ist doch letzten Endes nichts anderes als ein schwimmendes Hotel. Und die Mitarbeiter kommen wirklich mit entsprechenden guten Ideen wieder zurück in den Schindlerhof. Ich würde an Ihrer Stelle nur bis hier gehen und nicht weiter!

Es reicht aus, wenn Sie die wenigen Dinge machen, die ich bis hierher gezeigt habe: Ein kleines Ritual am ersten Arbeitstag, einen Dankbrief vor dem Urlaub, eine Tafel Schokolade nach dem Urlaub, einen Ausflug mit Ihren Lehrlingen, wenn Sie ausbilden, ein kleines Geburtstagsritual und vielleicht eine Weihnachtsfeier. Und ich denke mir, dass viele von Ihnen sagen werden: «Das machen wir doch schon längst.»

Aber: Bitte machen Sie es systematisch! Seien wir ehrlich. Ist es nicht schon einmal passiert, dass der Chef im Januar sagt: «Wir waren so im Stress im Dezember, wir haben keine Weihnachtsfeier gemacht, also gibt es eben im nächsten Jahr eine.» «Ihnen gratuliere ich zum Geburtstag», dort hat er es vergessen. Das ist kontraproduktiv! Machen Sie lieber weniger, aber das systematisch. Und wenn Sie selbst auf die Suche nach solchen kleinen Ritualen gehen, dann denken Sie bitte immer daran: Was macht man in einer Familie?

Das können Sie eins zu eins übernehmen. Am 6. Dezember haben alle Mitarbeiter einen Schokoladen-Nikolaus in ihrem Postfach, Anfang Dezember einen Adventskalender. Wer an Ostern arbeitet, ein Osterei. In einer Familie machen Sie solche Sachen doch auch. Oder etwa nicht? Und diese Rituale nutzen sich nicht ab. Das ist eben auch Teil unserer Kultur!

Manche Unternehmen haben auch Angst, weil sie denken, wenn sie mit solchen Dingen anfangen, müssen sie dann immer mehr machen. Nein, es nutzt sich nicht ab. Wenn Sie zum zehnten Mal von Ihren Freunden zum Essen eingeladen werden, dann kommen Sie doch immer noch mit Blumen, oder?

Und die Gastgeber sagen doch auch nicht: «Jetzt kommt er schon wieder mit Blumen. Fällt dem denn nichts Besseres ein?» Nein, die freuen sich. Es ist Teil der Kultur, so miteinander umzugehen. Und Sie werden ganz schnell merken: Wenn Sie liebevoll miteinander umgehen, kommt auf der anderen Seite auch mehr zurück. Dann ist Vertrauensarbeitszeit kein Thema mehr, dann sind Überstunden kein Thema mehr, weil Sie eben selber auch großzügig sind. Und wenn dann die Produktivität auch noch ein wenig steigt, dann kann man natürlich hergehen und kann noch ein bisschen etwas draufsatteln, freie Dienstwagenwahl in der Führung. Meine fünf Teamleiter haben das Recht auf freie Dienstwagenwahl.

Wir hatten einmal einen Küchenchef mit einem Mercedes 300 SL, wir hatten einmal einen mit einem Porsche, im Moment fährt er einen Dreier BMW, weil er an so etwas Spaß hat. Wir leasen nur Audi, BMW oder Mercedes, weil sich da natürlich ein hoher Restwert ansetzen lässt, so dass die monatliche Leasingrate gar nicht so hoch ist. Und das Tolle bei einer solchen Dienstwagenregelung bei jungen Leuten sind zwei Dinge. Der erste Vorteil: In der Steuerklasse eins, ledig, keine Kinder, hat er ja nur Abzüge!

Zweiter Vorteil: Oft ist es so, dass eine dreiundzwanzigjährige angehende junge Führungskraft noch gar nicht die Bonität hat, sich ein solches Auto leasen zu können.

Es gibt natürlich auch ein gewisses Prestige, und man sagt natürlich den Freunden nicht unbedingt, dass das nur geleast ist, das ist halt sein Auto.

Jetzt kommen wir zu einem weiteren Bestandteil der Motivation, und den nenne ich *Fringe Benefits*. Das sind die kleinen Geschenke. Und diese *Fringe Benefits* machen vielleicht 3 Prozent aus. Man sollte sie nicht überbewerten. Mit so etwas fängt man nicht bei einem normalen Team an. *Fringe Benefits* sind etwas besonderes.

Es stellt sich ja die Frage, was man macht, wenn die Motivation schon ziemlich weit oben ist und man die letzten paar Prozent mit solch kleinen Dingen auch noch herauskitzeln will. Sie dürfen keine Wunder erwarten, aber in dieser Angelegenheit ist nochmals ein kleiner Turbo eingebaut.

Als wir den «European Quality Award» gewonnen haben, erhielten zehn Führungskräfte, also auch die zweite Ebene, Jaeger-Le-Coultre-Reverso-Uhren, diese Uhren zum Umdrehen. Und auf der Rückseite stand «European Quality Award» handgraviert. Wir sind natürlich auch mit dem Lear-Jet nach Paris geflogen, um den Preis abzuholen.

Vielleicht sagen Sie sich: «Der Flug nach Paris ist ja keine Kleinigkeit.» Aber der «European Quality Award» war auch keine Kleinigkeit. Es kommt darauf an, die Besonderheit der Leistung des Mitarbeiters zum Ausdruck zu bringen.

Louis Vuitton ist unser Hausschuster, ich habe ja 80 Prozent Frauen im Team. Ich verschenke an Führungskräfte zu Geburtstagen, zu Jubiläen, zu Weihnachten immer wieder Louis-Vuitton-Handtaschen.

Es kommt nicht aufs Große oder aufs Kleine an; es kommt auf die besondere Würdigung an. Aber eben: Bitte etwas mehr Kreativität, immer wieder neue Ideen.

Hier ein weiteres Beispiel: Wir hatten aktuell zwei Krankfälle, und alle haben für eine gewisse Zeit eine Sechs- oder Sieben-Tage-Woche machen müssen. Wir haben das dann so belohnt: «Genießen

Sie einen Ihrer nächsten freien Abende bei dem besten Italiener in Erlangen. Das Ganze natürlich zu zweit, inklusive der Getränke. Sie werden den Abend als VIP-Gast verwöhnt werden.»

Vor Kurzem haben wir ganz kurzfristig am Nachmittag für denselben Abend eine Veranstaltung hereinbekommen. Da war Not am Mann. Also wurden zwei Mitarbeiter, die frei hatten, zu Hause angerufen, darunter ein Lehrling. Beide sagten spontan zu: «Wir haben zwar etwas vor, aber das spielt jetzt keine Rolle. Wir stehen in einer halben Stunde auf der Matte!» Dafür erhielten sie von mir wieder zusätzlich so einen Gutschein für einen Nobel-Italiener, wieder jeweils für zwei Personen.

Ich glaube, es ist deutlich geworden: Freundlichkeit und Loyalität sind keine Einbahnstraße. Man kann von den Mitarbeitern nicht erwarten, dass sie sich die Hacken abreißen, und selber tut man nichts dafür. Es um das Geben und Nehmen, ein Grundprinzip des menschlichen Ausgleichs. Es muss von Herzen kommen, und es muss von innen kommen.

Das ist übrigens auch der Grund, warum ich in den Seminaren zu diesem Thema keine Kopien von den Glückwunsch- oder Belobigungsbriefen weitergebe, denn es wäre schlichtweg gefährlich, einen anderen Briefstil zu übernehmen. Das muss wirklich zu Ihnen passen, zu Ihrer Kultur, zu dem, was man von Ihnen erwartet. Und denken Sie daran: Die Stimmung im Unternehmen ist generell wichtiger jedes Wissen oder jedes Kapital!

Wir haben im Moment im Schindlerhof noch etwa 5,8 Millionen Euro Verbindlichkeiten. Ich hatte mal etwa 13 Millionen. Trotzdem kann ich nachts wunderbar schlafen, weil mich diese 5,8 Millionen nicht jucken, solange ich so ein gutes Team und so eine Stimmung habe. Mit dieser Mannschaft kann ich Berge versetzen. Dagegen gibt es Unternehmen, die haben keine müde Mark Schulden, einen Schrank voller Patente und einen Haufen Geld auf der Bank liegen, aber der Chef ist so schmallippig, dass der zum Lachen in den Keller muss. Und die Mitarbeiter schauen auch schon so grau aus der Wäsche. Und die sind viel stärker gefährdet als wir, wenn man das mal auf ein paar Jahre hochrechnet. Die Stimmung ist es.

Der zweite Grund, warum ich Ihnen solche Dinge empfehle, ist einfach: Sie haben sich alle längst dafür entschieden, sich im Wettbewerb zu differenzieren – durch die Servicequalität und weil es ja anders kaum mehr geht. Denken Sie an die Geschichten über die Servicequalität in der Apotheke. Wenn ich mich aber einmal für diese Servicequalität entschieden habe, brauche ich begeisterte Mitarbeiter, sonst geht es nicht.

Aber wenn die Mitarbeiter nur zufrieden sind, dann funktioniert es noch nicht! Ein zufriedener Kunde, meine Damen, meine Herrn, ist im Übrigen auch zu wenig. Der kommt vielleicht wieder, aber weiterempfehlen tut er uns nicht. Der Barhockertest wird nur transportiert über *begeisterte* Kunden. Und dafür müssen wir unsere Mitarbeiter erst einmal anzünden, damit der Funken weiterspringt.

Last but not least: Weiterbildung, und die gehört immer noch zum Kriterium Nummer drei, *People Orientation,* Mitarbeiterorientierung.

Wir haben im Schindlerhof eine eigene Schindlerhof-Akademie. Und diese Schindlerhof-Akademie schickt ihre Seminarangebote quartalsweise an die Mitarbeiter. Früher haben wir das nur einmal pro Jahr gemacht, was den Nachteil hatte, dass die Wirkung verpuffte.

Jetzt machen wir jedes Quartal eine Ankündigung für die Seminare des Quartals und im nächsten Quartal wieder. Im Anschreiben steht immer drin, welche Spielregeln dabei gelten. Der Schindlerhof übernimmt die Kosten für die Seminare, und der Mitarbeiter bringt immer die Zeit in Form von Freizeit ein. Alle Seminare finden grundsätzlich in der Freizeit statt und nicht während der Arbeitszeit.

In vielen Betrieben ist dies nicht der Fall. Aber ich empfehle, einmal darüber zu diskutieren, ob es überhaupt noch zeitgemäß ist, das

Weiterbildungsangebot während der Arbeitszeit durchzuziehen. Die Leute lernen doch für sich, und das heißt, fürs Leben: Lebenslanges Lernen angesagt! Muss das auch noch in der Arbeitszeit sein? Wir können uns das einfach nicht mehr leisten. Ich habe noch niemanden im Schindlerhof erlebt, der sagt: «Ich bin nicht gewillt, in meiner Freizeit etwas für meine Weiterbildung zu tun.» Und wenn das einer sagen würde, dann würde er sowieso nicht zu uns passen.

Die Hälfte des Angebots der Schindlerhof-Akademie besteht aus fachlichen Seminaren: Tranchieren, Umweltschutz, Hygieneverordnung, ISO, TQM. Die andere Hälfte sind persönlichkeitsbildende, die Persönlichkeit entwickelnde Seminare.

Das Seminarangebot «Fit forever» mit Dr. Wessinghage und Dr. Spitzbart steht all unseren Mitarbeitern frei. Es hilft ihnen (und uns), wenn sie ihr Bewusstsein für gesundheitliche Fragen im weitesten Sinne schärfen. Man kann dort systematisch laufen lernen, wie man auf die richtige Ernährung und auf Bewegung achtet. Es gibt auch Rhetorikkurse. Alle Mitarbeiter, die Kundenkontakt haben und auch mal ans Telefon kommen, können bei uns Grund-Seminare und Fortgeschrittenen-Seminare in Rhetorik belegen, aber die Leute müssen dafür natürlich auch Zeit aufwenden. Ihre Freizeit.

Ich hatte einmal einen Lehrling, der im ersten Jahr elf Seminare mit rund 20 Tagen besucht hat. Er hatte 20 freie Tage geopfert, um etwas für seine Weiterbildung zu tun. Stellen Sie sich mal vor, er hielte das drei Jahre durch und säße bei einer Bewerbung einem Personalchef gegenüber; der fällt doch vom Hocker!

Lassen Sie mich zum Abschluss noch ein paar Takte zu Sinn und Wirkung solcher Seminare wie diesem verlieren. Ich hatte jetzt das Vergnügen, zwei Tage lang nur über zwei Bereiche reden zu dürfen. Und ich hatte das Vergnügen, alle Gesichter meiner Gegenüber gleichzeitig zu sehen. Und ich habe sehr wohl registriert, wenn der eine einmal zuckt, wenn es um die Klarheit von Zielen geht, und dann die andere einmal zuckt, wenn es um die Konsequenz in der Umsetzung geht.

Und jetzt haben Sie innerhalb dieser zwei Dinge wieder eine Matrix. Was es immer wieder gibt, sind Leute mit glasklaren Zielen: Der Geist ist willig, aber das Fleisch ist schwach! Das sind Träumer, oben links. Bei Pferden spricht man von Blendern. Da gibt es welche, sie haben einen Trab, sie laufen so elastisch auf der Koppel, dass man meint, die reißen sich die Ohren ab. Aber wenn der Sattel drauf kommt, dann gehen die wie eine Nähmaschine.

Es gibt eine russisch-amerikanische Philosophin, Ayn Rand (1905–1982), die meinte, wir hätten in unserem Leben nur zwei Todsünden zu befürchten. Die Erste sei: Wünschen, ohne zu handeln. Wenn ich mir nur etwas wünsche und tue nichts dafür, dann wird es nicht von alleine kommen. Das gibt es ab und zu. Die meisten Mittelständler haben keine Ziele, sind aber fleißig. In einer Matrix stünden sie unten rechts. Arbeit muss weh tun; du musst am Abend müde sein. Mir war früher jeder suspekt, der nur am Schreibtisch sitzt. Das muss ein fauler Hund sein. Heute weiß ich auch, was das bei mir damals war. Das war operative Hektik als Zeichen geistiger Windstille. Und es ist noch niemand durch reine Maloche auch nur irgendwohin gekommen. Maloche gehört freilich dazu. Aber passen Sie auf, dass Sie nicht in einem *Workaholic*-Loch landen.

Die zweite Todsünde nach Ayn Rand ist, zu handeln ohne Ziel. Wenn man mich damals gefragt hätte: «Warum machst du denn jetzt diesen Laden auch noch auf?», schon wieder einen Vertrag unterschrieben, ich hätte nicht gewusst, was ich sagen soll.

Ich hätte vielleicht gesagt: «Wenn ich es nicht mache, dann macht es vielleicht die Konkurrenz. Ist doch eine gute Gelegenheit.»

Allein die Tatsache, alle guten Gelegenheiten sofort ausnutzen zu wollen, sorgt ganz schnell dafür, dass Sie in dieses Feld hineinkommen. Man muss lernen, Nein zu sagen. Und das Feld, was ich versucht habe, Ihnen schmackhaft zu machen, ist oben rechts: *Business*

Excellence. Business Excellence entsteht automatisch, wenn zur Klarheit der Ziele einfach diese Konsequenz in der Umsetzung kommt. Prüfen Sie sich selber, wo Sie noch Raum für Gelegeheiten haben. Ist es eher in der Konsequenz, ist es eher in der Klarheit der Ziele?

Und dann arbeiten Sie einfach nach! Das ist ein Spruch aus meiner Heimat Bamberg, den kannte ich schon mit neun Jahren als Ministrant. Ich bin in Bamberg aufgewachsen, zwischen oberer Pfarrkirche und Dom. Damals hatte Bamberg 27 Kirchen und 28 Brauereien. Die Kirchen wird es sicherlich heute noch geben! Und diesen Sinnspruch werde ich nie vergessen: «Jeder Mensch ist von Zeit zu Zeit begeistert, bei dem einen dauert die Begeisterung 30 Minuten, beim anderen dauert sie 30 Tage. Aber im Leben bringt es nur derjenige zu etwas, bei dem diese Begeisterung 30 Jahre lang anhält!»

Und ich habe gestern und heute meine Aufgabe darin gesehen, einen kleinen Funken an Ihr Lagerfeuer zu halten, ein bisschen herumzuzündeln mit Ihnen, und ob daraus jetzt ein Flächenbrand wird, ob aus diesem kleinen Funken jetzt wirklich etwas Großes wird, das liegt nicht mehr in meiner Hand!

Ich kann Ihnen nur beide Daumen drücken, dass es nicht wieder einschläft, sondern dass Sie wirklich etwas daraus machen. Herzlichen Dank!

Herzlichkeit –
die Alchemie des Moments

Herzlichkeit hat viele Formen,
zeigt sich in unzähligen Facetten,
spricht alle Sprachen …
und kommt sogar ohne Worte aus.
Es wäre schade, sie so zu reduzieren,
dass nur noch »Standards« geboten werden.
Herzlichkeit von der Stange
ist keine »wahre Herzlichkeit« mehr.

Eines muss man allerdings wissen:
Herzlichkeit ist immer auch ein Risiko.
Sie zu schenken, macht verletzlich,
kann leicht missverstanden werden.
Aber es ist ein Risiko, das es lohnt, einzugehen,
denn wer nichts riskiert, kann auch nichts gewinnen,
kann nichts verändern.

Und noch etwas:
Herzlichkeit ist durchaus anstrengend.
Sie kostet Kraft! Aufmerksamkeit! Präsenz!
Aber wenn sie gelingt, werden Herzen wärmer und weicher.
Dann kann ein ZAUBER Einzug in den Alltag halten.
Ein Zauber, der das Leben ein klein bisschen »besonders« macht,
in diesem einzigen Moment, der wirklich zählt –
im HIER & JETZT.

Wir sind davon überzeugt:
Wer die Klaviatur der Herzlichkeit bespielen kann,
der kann die Welt auch ein Stück weit verbessern,
nach und nach, auf seine ganz individuelle Art.
Einfach, indem er dazu beiträgt,
dass DIESER Moment aus dem Alltag heraussticht
und der Autopilot, der die Menschen so oft durchs Leben trägt,
durchbrochen werden kann.
Dann merken wir, dass wir lebendig sind – ein schönes Gefühl!

Und das Beste:
Wir können die Herzlichkeit auch weitergeben,
viele kleine, einzigartige Momente schaffen
für Gäste, Mitunternehmer, Familienmitglieder ...
Die logische Folge:
mehr und mehr ein Gefühl von LEBEN,
von FREUDE und manchmal sogar von LIEBE.

Unser Ziel im Schindlerhof ist es,
in den Leistungsbereichen Hotel, Restaurant und Tagung
den »Zauber der Herzlichkeit« ins Leben (zurück-)zubringen.
Gleichermaßen in unser eigenes Leben und in das unserer Gäste.
Wir wollen Freude verbreiten
und das Bewusstsein für den Moment wach küssen.
Wir sind also keine Hoteliers und Gastronomen,
keine Köche, Hotel- und Restaurantfachleute,
keine Buchhalter, Zimmerfrauen, Hausmeister usw. –
eigentlich sind wir »Forscher in Sachen Herzlichkeit«.
Oder besser noch – wir sind Zauberer & Magier.
Zauberer, die am liebsten »magic moments« kreieren
mithilfe ihrer persönlichen Zaubersprüche!

Einige der Zaubersprüche findet man in unserem
»Bilderbuch der Herzlichkeit«,
aber der Phantasie sind keine Grenzen gesetzt –
alles ist möglich
und muss nur in die Praxis umgesetzt werden,
in diesem einen Moment – für den wir leben.
Eigentlich ganz einfach und doch gar nicht so leicht.
Sie ist eine Kunst für sich –
die Alchemie des Moments.

Nicole Kobjoll

Literaturempfehlungen

Bruch, Heike /B. Vogel: Organisationale Energie. Wie Sie das Potenzial Ihres Unternehmens ausschöpfen. Gabler Verlag, Wiesbaden 2005.

Collins, James C. / Porras, Jerry I.: Successful Habits of Visionary Companies. Ramdom House, New Yorwk 1998.

Csikszentmihalyi, Mihali: Flow. Das Geheimnis des Glücks. Klett-Cotta, Stuttgart 2005.

Rath, Tom / Clifton, Donald O.: How Full Is Your Bucket? Positive Strategies for Work and Life. Gallup Press, New York 2007.

Seligman, Martin E. P.: Der Glücksfaktor –Warum Optimisten länger leben. Lübbe, Bergisch-Gladbach 2005.

Senge, Peter M.: Die fünfte Disziplin. Kunst und Praxis der lernenden Organisation. Klett-Cotta, Stuttgart 2006[10].

Neugierig auf den Schindlerhof geworden?

Wir freuen uns auf Ihren Anruf 0049 (0) 911/9302-0
oder entdecken Sie unsere Website *www.schindlerhof.de*

Unser aktuelles Seminarprogramm erfahren Sie auf
www.kobjoll.de.

Glow & Tingle Unternehmensberatung GmbH
Steinacher Straße 6–10
90427 Nürnberg
Telefon 0049 (0) 911/9302-630
info@kobjoll.de